高等职业教育种子系列教材

全国种子行业技术培训教材

种子检验技术

胡　晋　王建成　主编

中国农业大学出版社

·北京·

内 容 简 介

本书主要内容包括绪论、种子扦样原理与方法、种子净度分析、种子水分测定、种子重量测定、种子发芽试验、种子生活力测定原理和方法、种子活力检测、品种真实性和纯度鉴定、种子田间检验、种子健康测定、转基因种子特性鉴定、种子检验主要仪器及实用技术。本书内容新颖,理论与实践相结合,书后附有实训内容,适用于高职高专农学类专业教学,同时作为种子行业职业技能考证和技术人员培训教材。

图书在版编目(CIP)数据

种子检验技术/胡晋,王建成主编.—北京:中国农业大学出版社,2016.6
ISBN 978-7-5655-1571-2

Ⅰ.①种… Ⅱ.①胡… ②王… Ⅲ.①种子-检验-高等职业教育-教材 Ⅳ.①S339.3

中国版本图书馆 CIP 数据核字(2016)第 101379 号

书　　名	种子检验技术		
作　　者	胡　晋　王建成　主编		
策划编辑	陈　阳	**责任编辑**	韩元凤
封面设计	郑　川	**责任校对**	王晓凤
出版发行	中国农业大学出版社		
社　　址	北京市海淀区圆明园西路 2 号	**邮政编码**	100193
电　　话	发行部 010-62818525,8625	**读者服务部**	010-62732336
	编辑部 010-62732617,2618	**出 版 部**	010-62733440
网　　址	http://www.cau.edu.cn/caup	**E-mail**	cbsszs @ cau.edu.cn
经　　销	新华书店		
印　　刷	涿州市星河印刷有限公司		
版　　次	2016 年 7 月第 1 版　2016 年 7 月第 1 次印刷		
规　　格	787×1 092　16 开本　12 印张　290 千字		
定　　价	26.00 元		

图书如有质量问题本社发行部负责调换

种子系列教材编委会

编写人员

主　编　胡　晋　　王建成

副主编　朱世杨　张云珍　俞平高

编　者　（以姓氏笔画为序）

王建成　（浙江大学）

王桂娥　（山东省种子管理站）

王海平　（湖北生物科技职业学院）

王　娟　（湖北生物科技职业学院）

毛从亚　（江苏省种子管理站）

朱世杨　（温州科技职业学院）

朱志玉　（浙江农林大学）

关亚静　（浙江大学）

张云珍　（湖北生物科技职业学院）

胡　晋　（浙江大学）

胡群文　（安徽农业大学）

俞平高　（上海农林职业技术学院）

彭　宏　（福建农业职业技术学院）

总　序

　　农业发展,种业为基。党中央、国务院历来高度重视种业工作。习近平总书记强调,要下决心把民族种业搞上去,从源头上保障国家粮食安全。李克强总理指出,良种是农业科技的重要载体,是带有根本性的生产要素。汪洋副总理要求,突出种业基础性、战略性核心产业地位,把我国种业做大做强。

　　当前我国农业资源约束趋紧,要确保"谷物基本自给、口粮绝对安全",对现代种业发展、加强种业科技创新、培育和推广高产优质品种提出了更高、更迫切的要求。与此同时,全球经济一体化进程不断加快,生物技术迅猛发展,农作物种业国际竞争日益激烈。要突破资源约束、把饭碗牢牢端在自己手中,做大做强民族种业、提升国际竞争力,必须加快我国现代种业科技创新步伐。

　　培养大批种子专业技术人才和提升现有种业人才的技术水平是加快我国现代种业科技创新步伐的关键之举。目前我国农作物种业人才培养主要有两个途径:一是通过高等院校开设相关专业培养;二是通过对种子企业科研、生产、检验、营销、管理等人员及种子管理机构的行政管理、技术人员进行定期培训。但由于我国高等农业职业教育办学起步较晚,尚没有种子专业成套的全国通用教材,而种子行业培训也缺乏成套的全国通用技术培训教材。为培养农作物种业优秀人才,加大种业人才继续教育和培训力度,落实《国务院关于加快推进现代农作物种业发展的意见》有关要求,全国农业技术推广服务中心与温州科技职业学院联合组织编写了这套全国高等职业教育种子专业和种子行业技术培训兼用的全国通用系列教材。

　　该系列教材由种子教学、科研、生产经营与管理经验丰富的专家教授共同编写。在编写过程中坚持五个相结合原则,即坚持种子专业基础理论、基本知识与种业生产实际应用相结合;坚持提高种业生产技术与操作技能相结合;坚持经典理论、传统技术与最新理论、现代生物技术在种业上的应用相结合;坚持专业核心课程精与专业基础课程宽相结合;坚持教材实用性与系统性相结合,力争做到教材理论与实践紧密结合,便于学生(员)更好地学习应用。

这套教材系统地介绍了现代种业基础理论与实用技术,包括种子学基础、作物遗传育种、种子生产技术、种子检验技术、种子加工技术、种子贮藏技术、种子行政管理与技术规范、种子经营管理和植物组织培养等九本教材。其中,种子行政管理与技术规范、种子生产技术、种子加工技术、种子贮藏技术、种子检验技术等五本教材兼作种子行业技术人员培训教材。希望本系列教材的出版发行能在促进我国高等职业教育种子专业学生培养和种子行业技术人员培训中发挥重要作用。

全国农业技术推广服务中心主任

2016 年 3 月

前　言

　　"国以农为本,粮以种为先"。种子作为一种有生命的生产资料,在农业生产中具有不可取代的重要作用。优良种子是农作物增产的内在条件,是农产品价值链的起点。种子的优劣,不仅影响作物产量和品质,更关系到整个国计民生。

　　农业生产有季节性,并且周期较长,如果种子出现质量问题,其造成的损失难以补救。因此,控制种子质量对农业生产至关重要。种子检验已有140多年的发展历史,已逐步形成了一套完整的理论与技术体系,成为种子质量控制的重要手段。本书主要内容包括绪论、种子扦样原理与方法、种子净度分析、种子水分测定、种子重量测定、种子发芽试验、种子生活力测定原理和方法、种子活力检测、品种真实性和纯度鉴定、种子田间检验、种子健康测定、转基因种子特性鉴定、种子检验主要仪器及实用技术。本教材力求系统全面阐述种子检验技术的基本知识,为高职高专农学类专业学生打下宽厚的学习基础,掌握相应的种子检验实践技能。

　　全书共13章并附实训环节,编写分工如下:绪论,胡晋;第一章,彭宏;第二、五、九章,王建成、俞平高、朱志玉;第三章,王娟;第四、八章,朱世杨;第六章,张云珍;第七章,王海平;第十章,胡群文;第十一章,王桂娥;第十二章,毛从亚;实训环节,关亚静。全书由胡晋和王建成统稿。本书编写人员均具有多年教学实践经验,在编写过程中付出了大量心血,但不当之处在所难免,衷心欢迎广大读者提出宝贵意见,以期再版时修订完善。

编　者

2015 年 3 月于浙大紫金港

目　录

绪　论

知识目标
◆ 了解种子质量及种子检验的概念和目的。
◆ 了解种子检验的发展简史和种子检验规程的主要内容。
◆ 了解种子检验与种子质量的关系。

能力目标
◆ 能根据种子质量标准确定种子检验内容。

第一节　种子检验概念和目的

一、种子检验概念

　　种子检验(seed testing)是指对种子质量进行的检测评估,是对真实性和纯度、净度、发芽率、生活力、活力、种子健康、水分和千粒重等项目进行的检验和测定。根据检测得到种子的质量信息,用以指导农业生产、商品交换和经济贸易活动。种子检验学是研究种子质量检测的理论和技术,应用科学、先进的方法对种子质量进行正确分析测定,判断其质量的优劣,评定其种用价值的一门应用科学。

　　种子检验的对象是农业种子,主要包括植物学上的种子(如大豆、棉花、洋葱、紫云英等)、植物学上的果实(如水稻、小麦、玉米等颖果,向日葵等瘦果)、植物上的营养器官(马铃薯块茎,甘薯块根,大蒜鳞茎,甘蔗的茎节等)。因此,要根据不同农业种子质量要求进行检验。

二、种子检验目的

　　开展种子检验,其最终目的就是通过对种子真实性和纯度、净度、发芽率、生活力、活力、种子健康、水分和千粒重等项目进行检验和测定,选用高质量的种子播种,杜绝或减少因种子质量所造成的缺苗减产的危险,减少盲目性和冒险性,控制有害杂草的蔓延和危害,充分发挥栽培品种的丰产特性,确保农业生产安全。

三、种子质量

种子质量(seed quality)是由种子不同特性综合而成的一种概念。农业生产上要求种子具有优良的品种特性和优良的种子特性,通常包括品种质量和播种质量两个方面的内容。品种质量(genetic quality)是指与遗传特性有关的品质,可用真、纯两个字概括。播种质量(sowing quality)是指种子播种后与田间出苗有关的质量,可用净、壮、饱、健、干、强六个字概括。

(1)真 是指种子真实可靠的程度,可用真实性表示。如果种子失去真实性,不是原来所需要的优良品种,其为害小则不能获得丰收,大则会延误农时,甚至颗粒无收。

(2)纯 是指品种典型一致的程度,可用品种纯度表示。品种纯度高的种子因具有该品种的优良特性而可获得丰收。相反,品种纯度低的种子由于其混杂退化而明显减产。

(3)净 是指种子清洁干净的程度,可用净度表示。种子净度高,表明种子中杂质(无生命杂质及其他作物和杂草种子)含量少,可利用的种子数量多。净度是计算种子用价的指标之一。

(4)壮 是指种子发芽出苗齐壮的程度,可用发芽力、生活力表示。发芽力、生活力高的种子发芽出苗整齐,幼苗健壮,同时可以适当减少单位面积的播种量。发芽率也是种子用价的指标之一。

(5)饱 是指种子充实饱满的程度,可用千粒重(或容重)表示。种子充实饱满表明种子中贮藏物质丰富,有利于种子发芽和幼苗生长。种子千粒重也是种子活力指标之一。

(6)健 是指种子健全完善的程度,通常用病虫感染率表示。种子病虫害直接影响种子发芽率和田间出苗率,并影响作物的生长发育和产量。

(7)干 是指种子干燥、耐藏的程度,可用种子水分百分率表示。种子水分低,有利于种子安全贮藏和保持种子的发芽力和活力。因此,种子水分与种子播种质量密切相关。

(8)强 是指种子强健,抗逆性强,增产潜力大,通常用种子活力表示。活力强的种子,可早播,出苗迅速、整齐,成苗率高,增产潜力大,产品质量优,经济效益高。

种子检验就是对品种的真实性和纯度、种子净度、发芽力、生活力、活力、健康状况、水分和千粒重进行分析检验。在种子质量分级标准中是以品种纯度、净度、发芽率和水分4项指标为主,作为必检指标,也作为种子收购、种子贸易和经营质量分级和定价的依据。

第二节 种子检验发展简史和检验规程

一、种子检验发展简史

(一)国际种子检验发展史

种子检验最早起源于欧洲。18世纪60年代,欧洲各国随着种子贸易的发展,曾发生奸商贩卖伪劣种子而造成经济损失的事件。为了维护正常种子贸易的开展,种子检验应运而生。1869 年德国诺培博士(Dr. Friedrich Nobbe)在德国的萨克森州(Saxony)建立了世界上第一个种子检验站,并进行了种的真实性、种子净度和发芽率等项检验工作。他总结前人工作经验和自己的研究成果,编写了《种子学手册》并于 1876 年出版问世。因此,诺培博士成为国际公认的种子科学和种子检验的创始人。

1876 年美国建立了北美洲第一个负责种子检验的农业研究站。1897 年美国颁布了标准种子检验规程。在 20 世纪初叶,亚洲和其他洲的许多国家也陆续建立了若干种子检验站,开展种子检验工作。1906 年,第一次国际种子检验大会在德国举行。1908 年美国和加拿大两国成立了北美洲官方种子分析者协会(简写 AOSA)。1921 年欧洲种子检验工作者在法国举行了大会,成立了欧洲种子检验协会(简写 ESTA)。1924 年全世界种子检验工作者在英国举行第四次国际种子检验大会,正式成立了国际种子检验协会(International Seed Testing Association,ISTA)。ISTA 总部设在瑞士的苏黎世。

1931 年应国际种子贸易协会的要求,ISTA 制定了国际种子检验规程和国际种子检验证书。1953 年统一了发芽和净度的定义后,其制定的《国际种子检验规程》被全世界各国广泛承认和采纳。ISTA 已成为全球公认的有关种子检验的权威标准化组织。

截至 2015 年,ISTA 已有 207 个实验室会员(其中 127 个已通过 ISTA 检验室认可)、43 个个人会员、56 个准会员,来自全球 77 个国家和地区。目前,ISTA 下设 18 个技术委员会,分别为先进技术委员会、堆装与扦样委员会、种子科学与技术编辑委员会、花卉种子检验委员会、乔木与灌木种子委员会、发芽委员会、GMO 委员会、水分委员会、命名术语委员会、能力检测委员会、净度委员会、规程委员会、种子健康委员会、统计委员会、种子贮藏委员会、四唑委员会、品种委员会和活力委员会。ISTA 还制定种子检验室认可标准,开展种子实验室能力验证项目和种子检验室认可评价工作,授权通过认可的检验室签发国际种子检验证书,也是公认的国际互认组织。

ISTA 成立以来,已先后召开了 30 届大会,组织种子科技联合研究和技术交流,制订并不断修订国际种子检验规程,编辑出版了会刊《种子科学与技术》(Seed Science and Technology)、新闻公报(ISTA News Bulletin)《国际种子检验》(Seed Testing-International)以及有关种子刊物和有关手册,如《净种子定义手册》(第 3 版,2010)、《幼苗鉴定手册》(第 3 版,2009)、《水分测定手册》、《种子扦样手册》(第 2 版,2004)、《活力测定方法手册》(第 3 版,1995)、《四唑测定工作手册》等。

1995 年 ISTA 决定私有检验室和种子公司可以成为其会员,1996 年启动种子检验室认可的质量保证项目,2004 年正式承认认可检验室的结果。2015 年 ISTA 宣布陶氏益农公司和杜邦先锋公司成为其首批企业会员。经济合作与发展组织(OECD)在 2005 版种子认证方案中列入了有关种子检验室认可的内容,允许在国际种子认证活动中可以使用认可种子检验室的结果,还允许推行种子扦样员和田间检验员认可制度。

(二)我国种子检验发展史

新中国成立前我国根本没有专门的种子检验机构,当时的种子检验工作是粮食部和商检机构代检。1956 年农业部种子管理局内设种子检验室,主管全国的种子检验工作。1957 年为适应农业迅速发展的需要,农业部种子管理局组织浙江农学院等单位数名教师和检验人员在北京举办了种子检验学习班。同年又委托浙江农学院定期举办全国种子干部讲习班。同时积极引进苏联的种子检验仪器和技术、编写有关教材,1961 年,浙江农业大学种子教研组编写出版了《种子贮藏与检验》,1980 年又出版了《种子检验简明教程》,翻译出版了 1976、1985、1993、1996 版国际种子检验规程。

自从改革开放以来,特别是 1978 年国务院转发了农业部《关于加强种子工作的报告》以后,全国各地成立了种子公司并逐步健全种子检验机构,恢复和加强种子专业和技术培训。1981 年成立了全国种子协会,并建立了种子检验分会和技术委员会。1982 年成立了全国农作物种子标准化技术委员会。1983 年国家发布了 GB 3543—1983《农作物种子检验规程》,1984 年和 1987 年分别发布了 GB 4404 等农作物种子质量标准。

1989 年国务院发布了《中华人民共和国种子管理条例》,明确推行"种子质量合格证"制度,同时随着《中华人民共和国标准化法》、《中华人民共和国计量法》和《中华人民共和国产品质量法》的实施,种子质量监督检验工作也全面开展。1995 年原国家技术监督局发布了与 1993 版《国际种子检验规程》接轨的 GB/T 3543—1995《农作物种子检验规程》,使种子检验结果具有可比性,随后在浙江农业大学开展了学习和贯彻该规程的技术培训。由于 1996 年和 1999 年发布的强制性标准《农作物种子》质量标准的规范性引用,与国际接轨的种子检验方法得到了广泛的实施,极大促进了我国种子检验技术的进步。

1996 年我国实施"种子工程"以后,建设了 39 个部级种子检验中心和 80 多个部级种子检验分中心,在全国范围内初步形成了种子质量监督检测网络。每年开展的市场种子质量抽检工作,有力地强化了我国农业播种种子的质量,有效地保证农业生产的丰收。

2000 年发布的《种子法》,明确了农业行政主管部门负责种子质量监督工作,实行种子质量检验机构和种子检验员考核制度,实施种子企业种子标签真实承诺与国家监督抽查相结合的制度。同时,国家还将继续投资建设种子质量监督检验网络,积极推进与国际接轨的种子标准化工作,探索种子认证试点工作。近年来,种子检验技术和仪器有了较快的发展,种子检验的科学研究水平也在不断深入。

二、种子检验规程

(一)国际种子检验规程

为了世界各国种子检验仪器和技术的一致性和国际种子贸易的顺利发展,ISTA 于 1931 年颁布了第 1 个国际种子检验规程(International Rules for Seed Testing)。其后,随着种子检验技术的发展,不断进行检验规程的修订。近些年,每年有一个修订的新版本颁布,目前是 2016 版。国际种子检验规程共 19 个章节,依次为:证书、扦样、净度分析、其他种子计数测定、发芽试验、四唑测定、种子健康测定、种与品种验证、水分测定、重量测定、包衣种子检验、离体胚测定、称重重复测定、X 射线测定、种子活力测定、种子大小和分级、散装容器、种子混合检验、GMO 种子检验等。ISTA 制定的《国际种子检验规程》是种子方面唯一的国际标准,被全世界许多国家种子法所引用,作为评价种子质量的法定方法。

通过 ISTA 授权认可的种子检验室可以签发国际种子检验证书,该证书分 2 种类型:橙色国际种子批证书(扦样和检验工作由同一个 ISTA 认可检验站在该国进行),蓝色国际种子样品证书(该 ISTA 认可检验站只负责进行种子样品的检验工作)。扦样和检验在两个不同国家不同实验室进行的结果也采用橙色证书,证书上会载明实验室的名称和地址以便查询。

（二）我国种子检验规程

我国于1983年颁布第一个农作物种子检验规程。其主要内容和技术引自苏联种子检验技术。这对当时开展种子检验工作,加强种子质量管理起到了历史性的作用。但随着我国的国际种子贸易的发展和进一步的改革开放,我国的1983规程显然已不能适应我国种子管理和质量监督检查工作的需要,并且与国际种子检验规程技术差异较大。根据国家标准局尽量采纳国际标准和靠拢国际标准的精神,我国等效采用《1993国际种子检验规程》,编制和颁布了GB/T 3543.1～7—1995《农作物种子检验规程》,这也是目前我国正在执行的国家标准。鉴于国内外种子检验技术和仪器的不断发展,为了与国际接轨,目前我国正在对现有《农作物种子检验规程》进行修订。

1. 种子检验内容

种子检验内容从过程看,可分为扦样、检测和结果报告三部分。扦样是种子检验的第一步,由于种子检验是破坏性检验,不可能将整批种子全部进行检验,只能从种子批中随机抽取一小部分规定数量的具代表性的样品供检验用。检测就是从具有代表性的供检样品中分取试样,按照规定的程序对包括种子水分、净度、发芽率、品种纯度等种子质量特性进行测定。结果报告是将已检测质量特性的测定结果汇总、填报和签发。

种子检验内容从测定项目看,有净度分析(包含其他植物种子测定)、发芽试验、纯度鉴定、水分测定、生活力测定、种子健康测定、重量测定、种子活力测定等。前四项测定项目是我国目前种子质量标准的判定依据。

2. 种子检验程序

种子检验必须根据种子检验规定的程序图,按步骤进行操作,不能随意改变。我国种子检验程序详见图1。

3. 种子检验结果报告

种子检验报告是指按照种子检验规程进行扦样与检测而获得检验结果的一种证书表格。

签发检验报告的条件:①签发检验报告机构目前从事检测工作并且是考核合格的机构;②被检种属于规程所列举的一个种;③检验按规定的方法进行;④种子批与规程规定的要求相符合;⑤送验样品按规程要求扦取和处理。

报告上的检测项目所报告的结果只能从同一种子批同一送验样品所获取,供水分测定的样品需要防湿包装。上述第④和第⑤条的规定只适用于签发种子批的检验报告,对于一般委托检验只对样品负责的检验报告,不作要求。

4. 检验结果报告内容和要求

目前,农业部全国农作物种子质量监督检验测试中心制定了种子批检验报告和种子样品检验报告格式,检验报告分成2页。种子批检验报告主要内容如表1所示。

检验报告要符合如下要求:①报告内容中的文字和数据填报,最好采用电脑打印而不用手写;②报告不能有添加、修改、替换或涂改的迹象;③在同一时间内,有效报告只能是一份(请不要混淆:检验报告一式两份,一份给予委托方,另一份与原始记录一同存档);④报告要为用户

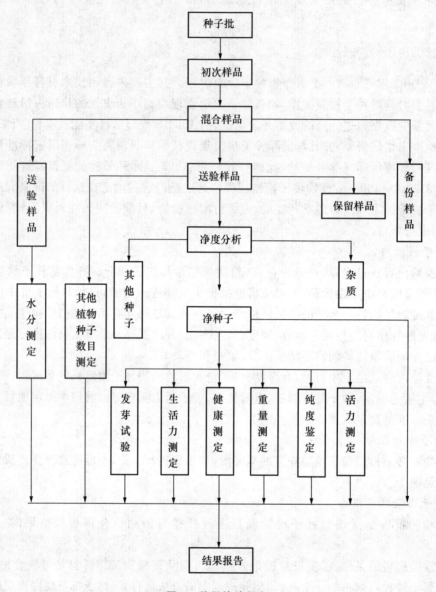

图 1　种子检验程序

保密,并作为档案保存 6 年;⑤检验报告的印刷质量要好。

检测结果要按照规程规定的计算、表示和报告要求进行填报,如果某一项目未检验,填写"N"表示"未检验"(not tested)。

未列入规程的补充分析结果,只有在按规程规定方法测定后才可列入,并在相应栏中注明。

若在检验结束前急需了解某一测定项目的结果,可签发临时结果报告,即在结果报告上附有"最后结果报告将在检验结束时签发"的说明。

表 1　种子检验结果报告单

种子批检验报告

No：

样品编号		作物种类		品种（组合）名称	
商标		生产日期		产地	
批号		批重		包装形式及规格	
扦样日期		扦样单位			
样品数量/g		接样日期		检验完成日期	
送检单位名称			送检单位地址		
受检单位名称			受检单位地址		
生产单位名称			生产单位地址		
任务来源			检验项目		
检验依据			判定依据		
检验结论	（盖　章） 签发日期：　年　月　日				

批准人：　　　　审核人：　　　　编制人：

种子批检验报告

净度分析	净种子(%)		其他植物种子(%)		杂质(%)
	____		____		____

发芽试验	正常幼苗(%)	不正常幼苗(%)	硬实(%)	新鲜不发芽种子(%)	死种子(%)
	____	____	____	____	____

发芽床:_____;温度:_____;
持续时间:_____;发芽前处理和方法:_____。

品种纯度

品种纯度(%):_____;检验方法:_____。

水分

水分(%):_____;检验方法:_____。

真实性

通过____个引物,采用_____电泳检测方法进行检测:

a)与标准样品比较检测出差异位点数____个,差异位点的引物编号为_____。

b)经与DNA指纹数据比对平台筛查并鉴定,检测样品属于____品种,或者____、____其中的一个,或者与____无明显差异。

其他测定项目

备注

净度:标签标注值(标准规定值)_____;容许误差_____。

发芽率:标签标注值(标准规定值)_____;容许误差_____。

纯度:标签标注值(标准规定值)_____;容许误差_____。

水分:标签标注值(标准规定值)_____;容许误差_____。

CASL 标识　　　　　　　CMA 标识

(　)中种检字(　)第(　)号　　(　)量认(　)字(　)号

第三节　种子检验与种子质量的关系

一、种子检验与种子质量监督

生产优质高产的农作物的基础是要有优良品种的优质种子,种子检验在种子质量的监督检验中发挥了重要的作用。《种子法》规定农业行政主管部门负责种子质量的监督,农业行政主管部门可以委托种子质量检验机构对种子质量进行检验,这就明确了种子质量监督与种子检验的关系。农业行政主管部门负责种子质量的监督工作,种子质量检验机构承担种子质量监督工作的技术支持或技术服务工作。农业行政主管部门向考核合格的种子质量检验机构下达监督检验计划和任务,对其监督检验工作和检验结果进行监督、审核,并根据其监督检验的结果,对不合格种子依法进行处理,对其责任者依法进行处罚。

种子质量监督工作的形式大致可以分为3种类型:一是抽查型质量监督,如农业部和地方政府的监督抽查;二是仲裁型质量监督,如执法部门委托的仲裁检验、争议方委托的质量仲裁;三是评价型质量监督,如种子生产许可证、种子质量认证等。

二、种子质量委托检验的特点和要求

种子质量监督形式不同,其相应的种子检验的特点和要求也不同。在实践中,种子质量检验机构对外服务的检验都可以称为委托检验,但是委托检验在具体情况下所表现的特点是完全不同的。

1. 监督抽查检验

是为了保证种子质量和农民利益,由第三方独立对种子进行的、决定监督总体是否可通过的抽样检验。这是属于行政监督中的检验,是委托完成农业行政主管部门下达的指令性检验任务。这种监督抽查检验的特点是:一是监督性抽样检验是在种子企业验收性抽样合格基础上的一种复检,既是对种子质量的监督,也是对种子企业质量管理工作的监督;二是监督性抽样检验主要关心否定结论的正确性,而不保证肯定结论的准确性,所以通过检验合格的,未必是合格的种子批;三是监督性抽查检验是行政执法的基础,检验结果抽查不合格后,生产者或销售者往往会被处以相应的行政处罚,甚至在有关媒体上曝光,因而监督检验的结果更具有权威性和威盛力。

2. 仲裁检验

人民法院审理种子质量的民事纠纷案件,仲裁机构对种子质量纠纷案件进行仲裁,应当以事实为依据,以法律为准绳,其中有一项重要内容就是要对种子质量进行检验,通过有关的检验数据确定争议的种子是否存在质量问题。这项专业性很强的检验工作由种子质量检验机构完成,其检测性质俗称为种子质量仲裁检验。

3. 贸易出证的委托检验

贸易出证的种子检验包括认证种子的检测。由于种子检验报告的最主要作用是作为种子贸易流通的重要文件,因此,这种检验是种子质量检验机构在市场经济下为种子产业服务的主

要方式,也是为社会有效服务的主要方式。这种检验就是《农作物种子检验规程》明确地对种子批负责的种子检验。

4. 一般的委托检验

这种检验要求条件并不那么严格,属于《农作物种子检验规程》规定的只对样品负责的委托检验,检测结果只对委托的种子样品负责,而不能用于推论种子批的种子质量。

小结

种子质量的高低决定了农业生产的优质和高产水平。种子质量的高低可以通过种子检验工作来评价。种子检验源自种子经营贸易对种子质量的需求,从最初的净度、发芽的简单检测,发展到现在的分子标记鉴定、转基因种子的检测,种子检验的理论和技术取得了长足的发展。但整个过程还是分成扦样、检测和结果报告三部分。

思考题

1. 种子检验包含哪些内容?
2. 种子检验与种子质量有何关系?
3. 种子检验整个流程是怎样的?
4. 种子质量监督工作的形式可以分为几种类型?

第一章　种子扦样原理与方法

知识目标

◆ 掌握种子批、混合样品、送验样品的概念。

◆ 明确扦样的定义、原则。

◆ 熟悉扦样的程序。

能力目标

◆ 熟悉各种扦样器和分样器的构造及使用方法。

◆ 掌握袋装、散装种子批的扦样方法和样品的配制。

第一节　扦样的目的和原则

一、扦样的目的

1. 扦样的概念

扦样是从大量的包装或散装种子中,随机取得一个重量适当、有代表性的供检样品。扦样又称取样或抽样,由于抽取种子样品通常采用扦样器取样,因而在种子检验上俗称为扦样。样品应从种子批不同部位随机扦取若干次的小部分种子合并而成,然后把这个样品经对分递减或随机抽取法分取规定重量的样品,不管哪一步骤都要有代表性。

种子扦样是一个过程,由一系列步骤组成。首先从种子批中取得若干个初次样品,然后将全部初次样品混合成为混合样品,再从混合样品中分取送验样品,最后从送验样品中分取供某一检验项目测定的试验样品。

2. 扦样的目的

扦样的目的是从一批大量的种子中,扦取适当数量的有代表性的送验样品供检验之用。

二、扦样的原则

扦样的基本原则是获得一个能代表整批种子质量状况的送验样品。在实际工作中,影响样品代表性的因素很多,如样品量与种子批的巨大差异,种子堆不同部位间的差异,种子个体间的差异以及检验人员的素质等。为了达到扦样的目的,应严格按扦样规定程序进行操作,为了保证样品的代表性,扦样应遵循以下主要原则:

1. 由合格的扦样员扦样

扦样必须由受过专门扦样训练,具有实践经验的扦样员承担,以确保按照扦样程序,扦取代表性样品。

2. 重视扦样前的调查

扦样前,扦样员(检验员)首先要对种子的基本情况和种子贮藏管理情况作全面的调查,以便在划分检验单位和确定取样点时参考。应向种子经营、生产、使用单位了解该批种子堆装混合、贮藏过程中有关种子质量的情况,包括了解种子来源、产地、品种和种子保管期间是否经过翻晒、熏蒸等情况。然后到现场观看仓库环境、种子堆放情况和种子品质情况,供分批时参考。

3. 正确划区设点

根据规程规定和种子的实际情况,确定检验单位的划分、取样点数及其分布,考虑到种子批的不同部位,其质量可能存在差异,扦样点应均匀分布在种子批的各个部位,使扦取的样品能代表种子堆各个层次和部位种子的真实状况。

4. 种子批要均匀一致

供扦样的种子批要均匀一致,不能存在异质性。各点所取初次样品的数量要基本一致,对每个初次样品要进行观察比较,注意种子批各部分的种子类型和品质的均匀一致程度。由于我国种子生产单位较小,其生产的种子批量也较少,一个扦样的种子批可能由数个单位生产的种子所组成,这就可能存在种子质量的差异。如果是散装种子批,由于种子自动分级特性,也会造成种子批内的差异,这些因素都会影响种子批的均匀度。实际上扦样的种子数量是很少的,只有种子批的万分之一,甚至几万分之一。因此,只有种子质量均匀的种子批,才有可能扦取代表性样品。对种子质量不均匀,或存在异质性的种子批应拒绝扦样。因为种子的质量不一致,不能取得有代表性的样品。发现初次样品之间有一定差异,而又无法判断其差异是否明显时,需进行种子批异质性的测定,用以判断该批种子的质量分布是否均匀。

5. 每个扦样点所扦取的初次样品数量要基本一致

各个扦样点扦出种子数量应基本相等,不能有很大差别。从各个扦样点扦出数量相等的种子样品,才能较好地代表整个种子批。

第二节　扦样器种类及扦样方法

一、扦样器种类

扦样器可分为袋装扦样器和散装扦样器两大类,袋装扦样器主要有单管扦样器和双管扦样器。散装扦样器有长柄短筒圆锥形扦样器、双管扦样器(比袋装双管扦样器长度要长)和圆锥形扦样器,大型仓库可用电动气吸式扦样器(图1-1)。针对不同的作物种子类型以及包装形式,选择不同的扦样器正确扦取初次样品。

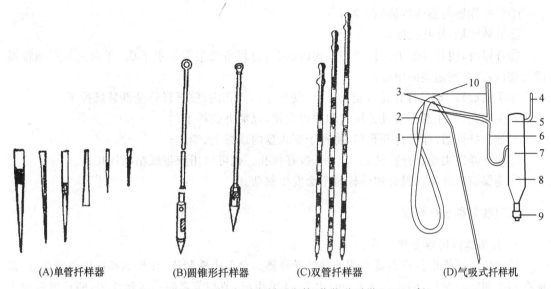

(A)单管扦样器　　(B)圆锥形扦样器　　(C)双管扦样器　　(D)气吸式扦样机

图 1-1　扦样器示意图(引自刘思衡等《作物种子学》,2001 年)

1. 扦样管　2. 皮管　3. 支持杆　4. 排气管　5. 马达　6. 曲管　7. 减压室
8. 样品收集室　9. 玻质观察管　10. 连接夹

（一）袋装种子扦样器

1. 单管扦样器

单管扦样器是我国目前常用于袋装扦样的扦样器,由金属制成,手柄为木制,有很多型号和规格,但其构造和使用方法大致相同;它是一根有尖头的金属管,长度足以达到袋的中心,其近尖端处有一个卵圆形孔;常用的总长度约为 500 mm,柄长约为 100 mm,尖头长约为 60 mm,大约有 340 mm 的长度可插入袋内,此种扦样器适用于中、小粒种子扦样。

单管扦样器的使用方法为:

①将扦样器与盛样器清洁干净;

②扦样时,用扦样器尖端拨开袋一角的线孔,扦样器凹槽向下,自袋角处尖端与水平成 30°向上倾斜地慢慢插入袋内,直至到达袋的中心;

③手柄旋转 180°,使凹槽旋转向上,稍稍振动,使种子落入孔内,使扦样器全部装满种子;

④抽出扦样器,即可打开孔口将种子倒入盘内或桌上、纸上;

⑤用扦样器尖端在扦孔处划一十字,拨好扦孔。也可以用胶带纸粘好扦孔;

⑥确保混合样品在混合和分样时不会发生混杂;

⑦应选择扦样器长度略短于被扦容器的斜角长度。

2. 双管扦样器

双管扦样器由金属制成两个圆管形开孔的管子,两管的管壁紧密相套合,空心的内管紧密套合在一个具有实心尖头的外管之中;内外套管的管壁均开有狭长小孔;内管末端与手柄连接,便于转动。因此,当内管旋转到小孔与外管小孔成一线时,种子便流入内管的孔内;当内管旋转半周,孔口即关闭。管的长度和直径根据种子种类及容器大小有多种设计。

双管扦样器的使用方法为:

①将扦样器与盛样器清洁干净；

②旋转手柄，使孔关闭；

③扦样时，用扦样器尖端拨开袋一角的线孔，自袋角处尖端与水平成 30°向上倾斜地慢慢插入袋内，直至到达袋的中心；

④手柄旋转 180°，打开孔口稍稍振动，使种子落入孔内，使扦样器全部装满种子；

⑤关闭孔口，注意不要过分用力和关得太紧，以免夹破种子；

⑥抽出扦样器，即可打开孔口，将种子倒入盘内或桌上、纸上；

⑦用扦样器尖端在扦孔处划一十字，拨好扦孔。也可以用胶带纸粘贴扦孔；

⑧确保混合样品在混合和分样时不会发生混杂。

（二）散装种子扦样器

1. 长柄短筒圆锥形扦样器

长柄短筒圆锥形扦样器是常用的散装扦样器。全部由铁制成，分长柄和扦样角两部分，长柄有实心和空心两种，柄长约 300 cm，由 3～4 节组成，节与节之间由螺丝连接，柄长可依种子堆的高度调节，最后一节具有圆环形握柄。扦筒由圆锥体、套筒、进谷门、活动塞和定位鞘构成。该扦样器的优点是扦头小，容易插入，省力，同时因柄长，可扦取深层的种子。

长柄短筒圆锥形扦样器的使用方法为：

①将长柄短筒圆锥形扦样器和盛样器清洁干净；

②关闭进谷门，插入袋中；

③到达一定深度后，用力向上一拉。使活动塞离开进谷门，略加振动，种子即掉入门内；

④关闭进谷门，然后抽出扦样器，把种子倒入盛样器中；

⑤从不同层次（上、中、下层）扦取样品。

2. 双管扦样器（比袋装双管扦样器长度要长）

散装种子扦样的双管扦样器的构造原理与袋装双管扦样器相同，但要长得多，长度可达 1 600 mm，直径 38 mm，开有 6 个或 9 个小孔，也有各种型号和规格。扦样时以关闭状态插入种子堆，旋转内管，使内外开口相合，打开孔口，种子即落入小室内，并做上下微微振动，使小室内充满种子，然后旋转内管，关闭小室，抽出扦样器。

双管扦样器的优点是：①一次扦样可从各层分级取得样品；②可以垂直及水平两方向来扦取样品。

3. 圆锥形扦样器

圆锥形扦样器用于种子柜、汽车、车厢中散装种子的扦样。由金属制成，由活动铁轴（手柄）和一个下端尖锐的倒圆锥形的套筒组成，轴的下端连接套筒盖。扦头大，插入拔除费力，每次扦样种子数量比较多，适合扦取大粒种子。

使用方法是：将扦样器垂直或略微倾斜地插入种子堆中，压紧铁轴，使套筒盖盖住套筒，达到一定深度后，拉上铁轴，使套筒盖升起，此时略为振动一下，使种子掉入套筒内，然后抽出扦样器。

4. 电动气吸式扦样器

大型仓库可用气吸式扦样机，电动气吸式扦样器主要由扦样管、真空泵和蛇管等部分构成。使用时，接通电源，开动真空泵，系统内产生负压，将种子吸入扦样管，经过蛇管和曲管，进入低压旋风室,落入样品收集室。开机之前检查接管是否松动,防止漏气影响吸力,第一节扦样管插入种堆,慢慢地吸入种子,自动装入机体样品收集室,第一节下去预留 20 mm 左右,第一节与第二节,分别用扦样管螺纹拴上,一节一节下去,直到取到深层种子样品。扦样完毕,每次使用前,清理干净主机,滤芯器、过滤网及软管上的粉尘,使用前先上紧 3 支支撑脚螺栓,并开启电机检查运转是否正常。

二、袋装种子扦样方法

(一)扦取样品的袋数

《农作物种子检验规程》所述的袋装种子是指质量范围在 15～100 kg(含 100 kg)之间的定量包装种子。根据种子批袋装(或容量相似而大小一致的其他容器)的数量确定扦样袋数,表 1-1 的扦样袋数应作为最低要求。

表 1-1　袋装种子的扦样袋(容器)数

种子批的袋数 (容器数)	扦取的最低袋数 (容器数)
1～5	每袋都扦取,至少扦取 5 个初次样品
6～14	不少于 5 袋
15～30	每 3 袋至少扦取 1 袋
31～49	不少于 10 袋
50～400	每 5 袋至少扦取 1 袋
401～560	不少于 80 袋
561 以上	每 7 袋至少扦取 1 袋

引自 GB/T 3543—1995《农作物种子检验规程》。

如果种子装在小容器(如金属罐、纸盒或小包装)中,则 100 kg 种子作为扦样的基本单位。小容器合并组成的重量为 100 kg 的作为一个"容器",基本单位总重量不超过 100 kg。《农作物种子检验规程》所述的小包装种子是指装在小容器(如金属罐、纸盒)中的质量等于或小于 15 kg 的定量包装种子。如小容器为 20 kg,则 5 个小容器为一"容器",按表 1-1 规定确定扦样袋数。

(二)样袋(点)分布

袋装(或其他容器)种子堆垛存放时,应随机选定取样的袋,从上、中、下各部位设立扦样点,样袋(扦样点)应均匀分布在种子堆的上、中、下各部位,每个容器只需扦一个部位。不是堆垛存放时,如在收购、调运、加工、装卸过程,可平均分配,间隔一定袋数扦取。

（三）扦取初次样品

用合适的扦样器,根据扦样要求扦取初次样品。使用单管扦样器扦样时用扦样器的尖端先拨开包装物的线孔,再把凹槽向下,自袋角处尖端与水平成30°向上倾斜地插入袋内,直至到达袋的中心,再把凹槽旋转向上,慢慢拔出,将样品装入容器中。双管扦样器适用于较大粒种子,使用时须对角插入袋内或容器中,在关闭状态插入,然后开启孔口,轻轻摇动,使扦样器完全装满,然后轻轻关闭孔口,拔出扦祥器,将样品装入容器中。装在小型或防潮容器(如铁罐或塑料袋)中的种子,应在种子装入容器前扦取,否则应把规定数量的容器打开或穿孔取得初次样品。扦样所造成的孔洞,可用扦样器尖端对着孔洞相对方向拨几下,使麻线合并在一起,密封容器可用粘布粘贴。

有些具有密闭的小包装种子(如瓜菜种子)重量只有200 g、100 g、50 g或更小的,可直接取一小包装袋作为初次样品,并根据规定的送验样品数量来确定袋数,随机从种子批中抽取。

三、散装种子扦样方法

《农作物种子检验规程》所述的散装种子,是指大于100 kg容器的种子批(如集装箱)或正在装入容器的种子流。种子批的重量和容器的封缄与标识的必须符合要求。散装种子的扦样点数应根据种子批散装的数量确定,扦样点数见表1-2。

表1-2　散装的扦样点数

种子批大小/kg	扦样点数
50 以下	不少于 3 点
51～1 500	不少于 5 点
1 501～3 000	每 300 kg 至少扦取 1 点
3 001～5 000	不少于 10 点
5 001～20 000	每 500 kg 至少扦取 1 点
20 001～28 000	不少于 40 点
28 001～40 000	每 700 kg 至少扦取 1 点

引自 GB/T 3543—1995《农作物种子检验规程》。

散装扦样时应随机从各部位及深度扦取初次样品。每个部位扦取的数量应大体相等。扦样点的位置和层次应逐点逐层进行,先扦上层,次扦中层,后扦下层,这样可以避免先扦下层时使上层种子混入下层,影响扦样的正确性。扦样时顶层10～15 cm、底层10～15 cm不扦,扦样点距墙壁应30～50 cm。

种子在加工过程中或在机械化仓库进出时,可从种子输送流中截取样品。根据种子的数量和输送速度用取样勺或取样铲定时、定量在种子输送流中截取,每次可在种子流的纵横方向迅速截取,扦取初次样品的数目与散装扦样法相同。取样时应注意包含处于种子流底部的尘芥杂质,以保证样品的代表性。

四、带壳种子扦样方法

袋装带壳种子一般采用徒手扦样,如棉花、花生等种子可采用倒包徒手扦样,拆开袋缝线,掀起袋底 2 角,袋身倾斜 45°,徐徐后退 1 m,将种子全部倒在塑料布或帆布上,使种子保持原袋中层次,然后在上、中、下 3 点徒手扦取初次样品。

五、块茎类种子扦样方法

马铃薯等块茎类种子扦取样品时,应在库房中整批货物的不同部位按规定数量扦样,样品的检验结果适用于整个抽验批次。各级种薯根据每检验批次总产量确定扦样点数(表 1-3),从每扦样点随机扦取 25 kg 样品。样品混合后四分法分样,按表 13 要求抽取检验样品量。

表 1-3 各级种薯块茎扦样量

每批次总产量 /t	块茎取样点数	初次扦样量 /kg	检验样品量 /kg
≤40	4	100	25
40~1 000	5~10(每增加 200 t 增加 1 点)	125~250	100
1 000<	每增加 1 000 t 增加 2 点	>250	>100

实验室检测样品量:从库房检验样品中随机抽取一定数量的块茎用于实验室检测,或者根据种薯检验面积在收获期随机取样。原原种每个品种每 100 万粒检测 200 个样品,每增加 100 万粒增加 10 个样品;大田种薯每种薯批增加一个库房存放位置分解为另一个种薯批,库房中每种薯批检测样品数量见表 1-4。

表 1-4 实验室检测样品数量

种薯级别	取样量/个	
	≤40 hm²*	>40 hm²
原种	200	300
一级种	100	200
二级种	100	200

* 种薯面积(hm²)。

第三节 分样器种类及分样方法

一、分样器种类

1. 横格式分样器

该分样器(图 1-2)用铁皮或铅皮制成,特别适用于分取大粒种子,或表面粗糙的种子。其构造是顶部为长方形的漏斗,下部为支架等。漏斗下面为12～18个排成横行的长方形格子和凹槽相间,其中一半格子和凹槽通向一个方向;另一半通向相反方向。其下有一支架,每组凹槽出口处各有一个盛接器。此外还有倾倒盘,与漏斗长度相同。此分样器可制成大小型号不同的规格。使用时,先将种子均匀地散布在倾倒盘里,然后沿着漏斗长度等速倒入漏斗内,此时种子便经过两组格子和凹槽流入两个盛接器内,将种子分成相等的两部分。使用时,先将种子均匀地散布在倾倒盘内,然后沿着漏斗长度等速倒入漏斗内,经过格子将种子样品一分为二。

2. 钟鼎式(圆锥形)分样器

一般有大、中、小3种类型,根据不同种子籽粒大小选用(图1-3)。三者结构完全相同,由铜皮或铁皮制成。顶部为漏斗,下面为活门,再下面是一个圆锥形体,它的顶点对着活门中心,圆锥体底部四周均匀地分为36个等格,其中相间的一半格子(18格)下面设有小槽,样品从小槽流入内层,经小口流入盛接器;另外相间18格也有小槽,样品流入外层,经大口进入另一个盛接器。使用时应先刷净,样品放入漏斗时应铺平,用手很快拨开活门,使样品迅速下落;再将两个盛接器的样品同时倒入漏斗,继续混合2～3次;然后取其中一个盛接器按上述方法继续分取,直至达到规定重量为止。

图 1-2 横格式分样器

图 1-3 钟鼎式分样器

3. 离心式分样器

离心式分样器(centrifugal divider)是应用离心力将种子混合撒布在分离面上。在此分样器中,种子向下流动,经过漏斗到达浅橡皮杯或旋转器内。由马达带动旋转器,种子即被离心力抛出落下。种子落下的圆周或面积由固定的隔板相等分成两部分,因此大约一半种子流到一出口,其余一半流到另一出口(图1-4)。这种分样器通常用于牧草种子和具壳种子的分样。

图 1-4 离心式分样器

二、分样方法

通常混合样品与送验样品规定数量相等时,即将混合样品作为送验样品。但混合样品数量较多时,可从中分取规定数量的送验样品。常用的分样法有机械分样器法、四分法和徒手减半法等。

（一）送验样品的最低重量

送验样品的重量是根据作物种类、种子大小及检验项目而定的。一般来说,供净度分析的送验样品只要 25 000 粒种子就具有代表性。将此数量折成重量,即为送验样品的最低重量。各种农作物种子净度分析的送验样品最低重量见表 1-5。供其他植物种子数目测定的送验样品通常与上述数量相当,或为净度分析试验样品的 10 倍。供水分测定的送验样品需磨碎测定的种类为 100 g,其他所有种类为 50 g。供品种鉴定的样品数量按 GB/T 3543.5—1995《农作物种子检验规程 真实性与品种纯度鉴定》的规定执行。

表 1-5 农作物种子批的最大重量和样品最小重量

种(变种)名	学名	种子批的最大重量/kg	样品最小重量/g		
			送验样品	净度分析试样	其他植物种子计数试样
1. 洋葱	*Allium cepa* L.	10 000	80	8	80
2. 葱	*Allium fistulosum* L.	10 000	50	5	50
3. 韭葱	*Allium porrum* L.	10 000	70	7	70
4. 细香葱	*Allium schoenoprasum* L.	10 000	30	3	30
5. 韭菜	*Allium tuberosum* Rottl. ex Spreng.	10 000	100	10	100
6. 苋菜	*Amaranthus tricolor* L.	5 000	10	2	10
7. 芹菜	*Apium graveolens* L.	10 000	25	1	10
8. 根芹菜	*Apium graveolens* L. var. *rapaceum* DC.	10 000	25	1	10
9. 花生	*Arachis hypogaea* L.	25 000	1 000	1 000	1 000
10. 牛蒡	*Arctium lappa* L.	10 000	50	5	50
11. 石刁柏	*Asparagus officinalis* L.	20 000	1 000	100	1 000
12. 紫云英	*Astragalus sinicus* L.	10 000	70	7	70
13. 裸燕麦（莜麦）	*Avena nuda* L.	25 000	1 000	120	1 000
14. 普通燕麦	*Avena sativa* L.	25 000	1 000	120	1 000
15. 落葵	*Basella* spp. L.	10 000	200	60	200
16. 冬瓜	*Benincasa hispida* (Thunb.) Cogn.	10 000	200	100	200
17. 节瓜	*Benincasa hispida* Cogn. var. *chieh-qua* How.	10 000	200	100	200

续表 1-5

种(变种)名	学名	种子批的最大重量/kg	样品最小重量/g		
			送验样品	净度分析试样	其他植物种子计数试样
18. 甜菜	*Beta vulgaris* L.	20 000	500	50	500
19. 叶甜菜	*Beta vulgaris* var. *cicla* L.	20 000	500	50	500
20. 根甜菜	*Beta vulgaris* var. *rapacea* Koch	20 000	500	50	500
21. 白菜型油菜	*Brassica campestris* L.	10 000	100	10	100
22. 不结球白菜 （包括白菜、乌塌菜、紫菜薹、薹菜、菜薹）	*Brassica campestris* L. ssp. *chinensis* (L.) Makino	10 000	100	10	100
23. 芥菜型油菜	*Brassica juncea* Czern. et Coss.	10 000	40	4	40
24. 根用芥菜	*Brassica juncea* Coss. Var. *megarrhiza* Tsen et Lee	10 000	100	10	100
25. 叶用芥菜	*Brassica juncea* Coss. var. *foliosa* Bailey	10 000	40	4	40
26. 茎用芥菜	*Brassica juncea* Coss. var. *tsatsai* Mao	10 000	40	4	40
27. 甘蓝型油菜	*Brassica napus* L. ssp. *pekinensis* (Lour.) Olsson	10 000	100	10	100
28. 芥蓝	*Brassica oleracea* L. var. *alboglabra* Bailey	10 000	100	10	100
29. 结球甘蓝	*Brassica oleracea* L. var. *capitata* L.	10 000	100	10	100
30. 球茎甘蓝 （茉蓝）	*Brassica oleracea* L. var. *caulorapa* DC.	10 000	100	10	100
31. 花椰菜	*Brassica oleracea* L. var. *bortytis* L.	10 000	100	10	100
32. 抱子甘蓝	*Brassica oleracea* L. var. *gemmifera* Zenk.	10 000	100	10	100
33. 青花菜	*Brassica oleracea* L. var. *italica* Plench	10 000	100	10	100
34. 结球白菜	*Brassica campestris* L. ssp. *pekinensis* (Lour.) Olsson	10 000	100	4	40

续表 1-5

种（变种）名	学名	种子批的最大重量/kg	样品最小重量/g		
			送验样品	净度分析试样	其他植物种子计数试样
35. 芜菁	*Brassica rapa* L.	10 000	70	7	70
36. 芜菁甘蓝	*Brassica napobrassica* Mill.	10 000	70	7	70
37. 木豆	*Cajanus cajan* (L.) Millsp.	20 000	1 000	300	1 000
38. 大刀豆	*Canavalia gladiata* (Jacq.) DC.	20 000	1 000	1 000	1 000
39. 大麻	*Cannabis sativa* L.	10 000	600	60	600
40. 辣椒	*Capsicum frutescens* L.	10 000	150	15	150
41. 甜椒	*Capsicum frutescens* var. *grossum* Bailey	10 000	150	15	150
42. 红花	*Carthamus tinctorius* L.	25 000	900	90	900
43. 茼蒿	*Chrysanthemum coronarium* var. *spatisum* Bailey	5 000	30	8	30
44. 西瓜	*Citrullus lanatus* (Thunb.) Matsum. et Nakai	20 000	1 000	250	1 000
45. 薏苡	*Coix lacryna-jobi* L.	5 000	600	150	600
46. 圆果黄麻	*Corchorus capsularis* L.	10 000	150	15	150
47. 长果黄麻	*Corchorus olitorius* L.	10 000	150	15	150
48. 芫荽	*Coriandrum sativum* L.	10 000	400	40	400
49. 桋麻	*Crotalaria juncea* L.	10 000	700	70	700
50. 甜瓜	*Cucumis melo* L.	10 000	150	70	150
51. 越瓜	*Cucumis melo* L. var. *conomon* Makino	10 000	150	70	150
52. 菜瓜	*Cucumis melo* L. var. *flexuosus* Naud.	10 000	150	70	150
53. 黄瓜	*Cucumis sativus* L.	10 000	150	70	150
54. 笋瓜（印度南瓜）	*Cucurbita maxima*. Duch. ex Lam	20 000	1 000	700	1 000
55. 南瓜（中国南瓜）	*Cucurbita moschata* (Duchesne) Duchesne ex Poiret	10 000	350	180	350

续表 1-5

种(变种)名	学名	种子批的最大重量/kg	样品最小重量/g		
			送验样品	净度分析试样	其他植物种子计数试样
56. 西葫芦 (美洲南瓜)	*Cucurbita pepo* L.	20 000	1 000	700	1 000
57. 瓜尔豆	*Cyamopsis tetragonoloba* (L.) Taubert	20 000	1 000	100	1 000
58. 胡萝卜	*Daucus carota* L.	10 000	30	3	30
59. 扁豆	*Dolichos lablab* L.	20 000	1 000	600	1 000
60. 龙爪稷	*Eleusine coracana* (L.) Gaertn.	10 000	60	6	60
61. 甜荞	*Fagopyrum esculentum* Moench	10 000	600	60	600
62. 苦荞	*Fagopyrum tataricum* (L.) Gaertn.	10 000	500	50	500
63. 茴香	*Foeniculum vulgare* Miller	10 000	180	18	180
64. 大豆	*Glycine max* (L.) Merr.	25 000	1 000	500	1 000
65. 棉花	*Gossypium* spp.	25 000	1 000	350	1 000
66. 向日葵	*Helianthus annuus* L.	25 000	1 000	200	1 000
67. 红麻	*Hibiscus cannabinus* L.	10 000	700	70	700
68. 黄秋葵	*Hibiscus esculentus* L.	20 000	1 000	140	1 000
69. 大麦	*Hordeum vulgare* L.	25 000	1 000	120	1 000
70. 蕹菜	*Ipomoea aquatica* Forsskal	20 000	1 000	100	1 000
71. 莴苣	*Lactuca sativa* L.	10 000	30	3	30
72. 瓠瓜	*Lagenaria siceraria* (Molina) Standley	20 000	1 000	500	1 000
73. 兵豆(小扁豆)	*Lens culinaris* Medikus	10 000	600	60	600
74. 亚麻	*Linum usitatissimum* L.	10 000	150	15	150
75. 棱角丝瓜	*Luffa acutangula* (L.) Roxb.	20 000	1 000	400	1 000
76. 普通丝瓜	*Luffa cylindrical* (L.) Roem.	20 000	1 000	250	1 000
77. 番茄	*Lycopersicon esculentum* Mill.	10 000	15	7	15
78. 金花菜	*Medicago polymorpha* L.	10 000	70	7	70
79. 紫花苜蓿	*Medicago sativa* L.	10 000	50	5	50
80. 白香草木樨	*Melilotus albus* Desr.	10 000	50	5	50

续表 1-5

种(变种)名	学名	种子批的最大重量/kg	样品最小重量/g		
			送验样品	净度分析试样	其他植物种子计数试样
81. 黄香草木樨	*Melilotus officinalis* (L.) Pallas	10 000	50	5	50
82. 苦瓜	*Momordica charantia* L.	20 000	1 000	450	1 000
83. 豆瓣菜	*Nasturtium officinale* R. Br.	10 000	25	0.5	5
84. 烟草	*Nicotiana tabacum* L.	10 000	25	0.5	5
85. 罗勒	*Ocimum basilicum* L.	10 000	40	4	40
86. 稻	*Oryza sativa* L.	25 000	400	40	400
87. 豆薯	*Pachyrhizus erosus* (L.) Urban	20 000	1 000	250	1 000
88. 黍(糜子)	*Panicum miliaceum* L.	10 000	150	15	150
89. 美洲防风	*Pastinaca sativa* L.	10 000	100	10	100
90. 香芹	*Petroselinum crispum* (Miller) Nyman ex A. W. Hill	10 000	40	4	40
91. 多花菜豆	*Phaseolus multiflorus* Willd.	20 000	1 000	1 000	1 000
92. 利马豆(莱豆)	*Phaseolus lunatus* L.	20 000	1 000	1 000	1 000
93. 菜豆	*Phaseolus vulgaris* L.	25 000	1 000	700	1 000
94. 酸浆	*Physalis pubescens* L.	10 000	25	2	20
95. 茴芹	*Pimpinella anisum* L.	10 000	70	7	70
96. 豌豆	*Pisum sativum* L.	25 000	1 000	900	1 000
97. 马齿苋	*Portulaca oleracea* L.	10 000	25	0.5	5
98. 四棱豆	*Psophocarpus tetragonolobus* (L.) DC.	25 000	1 000	1 000	1 000
99. 萝卜	*Raphanus sativus* L.	10 000	300	30	300
100. 食用大黄	*Rheum rhaponticum* L.	10 000	450	45	450
101. 蓖麻	*Ricinus communis* L.	20 000	1 000	500	1 000
102. 鸦葱	*Scorzonera hispanica* L.	10 000	300	30	300
103. 黑麦	*Secale cereale* L.	25 000	1 000	120	1 000
104. 佛手瓜	*Sechium edule* (Jacp.) Swartz	20 000	1 000	1 000	1 000
105. 芝麻	*Sesamum indicum* L.	10 000	70	7	70
106. 田菁	*Sesbania cannabina* (Retz.) Pers.	10 000	90	9	90

续表 1-5

种(变种)名	学名	种子批的最大重量/kg	样品最小重量/g		
			送验样品	净度分析试样	其他植物种子计数试样
107. 粟	*Setaria italica* (L.) Beauv.	10 000	90	9	90
108. 茄子	*Solanum melongena* L.	10 000	150	15	150
109. 高粱	*Sorghum bicolor* (L.) Moench	10 000	900	90	900
110. 菠菜	*Spinacia oleracea* L.	10 000	250	25	250
111. 黎豆	*Stizolobium* ssp.	20 000	1 000	250	1 000
112. 番杏	*Tetragonia tetragonioides* (Pallas) Kuntze	20 000	1 000	200	1 000
113. 婆罗门参	*Tragopogon porrifolius* L.	10 000	400	40	400
114. 小黑麦	X *Triticosecale* Wittm. ex A. Camus	25 000	1 000	120	1 000
115. 小麦	*Triticum aestivum* L.	25 000	1 000	120	1 000
116. 蚕豆	*Vicia faba* L.	25 000	1 000	1 000	1 000
117. 箭筈豌豆	*Vicia sativa* L.	25 000	1 000	140	1 000
118. 毛叶苕子	*Vicia villosa* Roth	20 000	1 080	140	1 080
119. 赤豆	*Vigna angularis* (Willd) Ohwi & Ohashi	20 000	1 000	250	1 000
120. 绿豆	*Vigna radiate* (L.) Wilczek	20 000	1 000	120	1 000
121. 饭豆	*Vigna umbellate* (Thunb.) Ohwi et Ohashi	20 000	1 000	250	1 000
122. 长豇豆	*Vigna unguiculata* W. ssp. *sesquipedalis* (L.) Verd.	20 000	1 000	400	1 000
123. 矮豇豆	*Vigna unguiculata* W. ssp. *unguiculata* (L.) Verd.	20 000	1 000	400	1 000
124. 玉米	*Zea mays* L.	40 000	1 000	900	1 000

引自 GB/T 3543—1995《农作物种子检验规程》。

　　大田作物和蔬菜种子的特殊品种、杂交种等的种子批可以允许较小的送验样品数量。如果不进行其他植物种子数目测定,送验样品达到净度分析所规定的试验样品的重量即可,但应在结果报告单上加以说明。

(二)分样方法

1. 机械分样器法

使用钟鼎式分样器时应先刷净,样品放入漏斗时应铺平,用手很快拨开活门,使样品迅速下落,再将两个盛接器的样品同时倒入漏斗,继续混合 2~3 次,然后取其中一个盛接器按上述方法继续分取,直至达到规定重量为止。使用横格式分样器时,先将种子均匀地撒布在倾倒盘内,然后沿着漏斗长度等速倒入漏斗内。

2. 四分法

将样品倒在光滑的桌上或玻璃板上,用分样板将样品先纵向混合,再横向混合,重复混合 4~5 次,然后将种子摊平成四方形,用分样板划两条对角线,使样品分成 4 个三角形,再取两个对顶三角形内的样品继续按上述方法分取,直到 2 个三角形内的样品接近 2 份试验样品的重量为止。

3. 徒手减半法

适用于有稃壳不易流动的种子,也适用于乔木和灌木种子。徒手分样方法步骤是:

(1)将种子均匀地倒在一个光滑清洁的平面上;

(2)用平边刮板将种子充分混匀形成一堆;

(3)把整堆种子分成两半,每半再对分一次,这样得到 4 个部分。然后把其中每部分再减半共分成 8 个部分,排成两行,每行 4 个部分;

(4)合并和保留交错部分,例如将第 1 行第 1、3 部分与第 2 行 2、4 部分合并,把留下的 4 个部分拿开;

(5)把第(4)步保留的部分,按第(2)、(3)、(4)步重复分样,直至分得所需的样品重量为止。

第四节　扦样程序

一、扦取初次样品

1. 扦样前的准备

初次样品是指从种子批的一个扦样点上所扦取的一小部分种子。初次样品的扦取只能由受过扦样训练、具有实践经验的扦样员(检验员)担任,扦样员(检验员)应向种子经营、生产、使用单位了解该批种子堆装混合、贮藏过程中有关种子质量的情况,包括了解种子来源、产地、品种和种子保管期间是否经过翻晒、熏蒸等情况。然后到现场观看仓库环境、种子堆放情况和种子品质情况,供分批时参考。

2. 划分种子批

种子批是指同一来源、同一品种、同一年度、同一时期收获和质量基本一致,在规定数量之内的种子。被扦的种子批应在扦样前进行适当混合、掺匀和机械加工处理,使其均匀一致。扦样时,若种子包装物或种子批没有标记或能明显地看出该批种子在形态或文件记录上有异质性的证据时,应拒绝扦样。如对种子批的均匀度发生怀疑,应进行异质性测定。种子批的被扦包装物都必须封口,并贴有标签或加以标记。种子批的排列应使各个包装物或该批种子便于扦样。一批种子不得超过表1-5所规定的重量,其容许差距为5%。若重量超过规定重量时,须分成几批,分别给予批号。包衣、丸化种子的种子批最大重量与普通种子相同。

3. 扦取初次样品

做好扦样前的准备工作,根据种子包装贮藏情况,划分好种子批后,按第二节所述的扦样方法扦取初次样品。

二、混合样品配制

混合样品是指由种子批内扦取的全部初次样品混合而成的样品。在各点扦取若干初次样品后,需把它们分别倒在桌上、纸上或盘内,加以仔细观察,比较这些样品形态、颜色、光泽、水分及其他在品质方面有无明显差异;如无差异就可将一个检验单位的全部初次样品均匀混合在一起,便组成了混合样品;若发现有些初次样品的品质有显著差异,应把这一部分种子从该批中分出,作为另一批种子,单独扦取混合样品。如不能将品质有显著差异的种子从该批种子中划分出来,则应停止扦样或把整批种子经必要处理(如清选、干燥、混合),然后扦样。对各初次样品品质的一致性发生怀疑时,应进行异质性测定。

三、送验样品分取

送验样品:是指从混合样品中分取一部分相当数量的种子送至检验室作检验用的样品。

通常混合样品与送验样品规定数量相等时,即将混合样品作为送验样品。但混合样品数量较多时,可从中分取规定数量的送验样品。送验样品的重量是根据作物种类、种子大小及检验项目而定的。一般来说,供净度分析的送验样品只要25 000粒种子就具有代表性。将此数量折成重量,即为送验样品的最低重量。各种农作物种子净度分析的送验样品最低重量见表1-5。供其他植物种子数目测定的送验样品通常与上述数量相当,或为净度分析试验样品的10倍。供水分测定的送验样品需磨碎测定的种类为100 g,其他所有种类为50 g。供品种纯度鉴定的样品数量按GB/T 3543.5—1995《农作物种子检验规程真实性与品种纯度鉴定》的规定执行。

大田作物和蔬菜种子的特殊品种、杂交种等的种子批可以允许较小的送验样品数量。如果不进行其他植物种子数目测定,送验样品达到净度分析所规定的试验样品的重量即可,但应在结果报告单上加以说明。

四、送验样品的包装和发送

1. 送验样品的包装

混合样品经分样后,通常取得两份送验样品,一份作净度分析及发芽试验之用;另一份则供水分和病虫害检验之用。送验样品必须包装好,以防在运输过程中损坏。两份送验样品的包装要求不同,供净度分析用的样品,最好用经过消毒的坚实布袋或清洁坚实的纸袋包装并封口,切勿用密封容器包装,以免影响种子发芽率。供水分测定及虫害测定的种子样品,必须装在清洁、干燥能密封防湿的容器内,并使容器装满,防止种子水分发生变化,再加以封缄。

2. 送验样品的发送

送验样品包装封缄后应尽快送至检验室,不得延误。并注意样品决不能交给种子所有者、申请者及其他人员手中。送验样品发送时,必须附有扦样证书,样品上的标签必须和种子批上的标签相符,标签可贴在样品上或放入样品中。样品包裹上可印上一个表格并填写有关扦样的说明。如扦样单位(检验站)名称、检验站(室)名称、种子批的记号和印章、种子批容器数或袋数、送验样品重量、扦样日期、检验项目、检验站收到样品日期及样品编号等。

送验样品必须由扦样员(检验员)尽快送到种子检验机构,不得延误。经过化学处理的种子,须将处理药剂的名称送交种子检验机构。每个送验样品须有标签(记号),该标签(记号)必须与种子批上的相符,并附有扦样单或扦样证明书。

五、样品的保存

送验样品经检验机构验收合格接收后,应立即进行登记,登记内容包括送检日期、样品编号、作物品种名称、检验项目、检验性质、送样人等。样品的保存有检验前保存和检验后保存两种情况。①检验前保存:送验样品验收合格并按规定要求登记后,应从速进行检验;如不能及时检验,须将样品保存在凉爽、通风的室内,使质量的变化降到最低限度。②检验后保存:样品检验后的保存因检验项目或样品性质不同而有所不同。一般检验水分、净度、发芽率项目的样品可保存到检验结果报告发出后2个月。全检样品、调种的封存样品、品种纯度检验样品,存放期为该作物的一个生长周期。样品保存的条件应是小于或等于20℃的低温,相对湿度小于或等于70%,以保持样品的原有品质。

第五节　多容器种子批异质性测定

一、测定目的和适用情况

1. 测定目的

多容器种子批异质性测定是指分别测定种子批中规定数量的若干个样品所测得的质量值,求得质量值间实际方差与随机分布的理论方差的差异。每一样品取自各个不同的容器,容器内的异质性不包括在内。种子批的异质性测定属非常规测定项目,异质性测定的目的是衡量种子批的异质性,以表示所测定的项目用混合方法是否达到随机分布的程度。异质性测定的原理是将从种子批不同容器中抽出规定数量的若干个样品所得的实际方差与随机分布的理论方差相比较,通过统计计算差异的显著性进行判断,以确定种子批是否存在真正的差异。

2. 适用情况

种子批的异质性测定适用于检查种子批是否存在显著的异质性。对于存在异质性的种子批,即使按检验规程取得送验样品,也不会有代表性。在实际工作中,如果种子批的异质性明显到扦样时能看出袋间或初次样品的差异时,则应拒绝扦样。

二、测定程序

异质性测定是将从种子批中抽出规定数量的若干个样品所得的实际方差与随机分布的理

论方差相比较,得出前者超过后者的差数。每一样品取自各个不同的容器。

(一)种子批的扦样

扦样的容器数应不少于表1-6的规定。

表1-6 扦取容器数与临界 *H* 值(1%概率)

种子批的容器数(No)	扦取的独立容器样品数(*N*)	净度和发芽测定临界 *H* 值		其他种子数目测定临界 *H* 值	
		无稃壳种子	有稃壳种子	无稃壳种子	有稃壳种子
5	5	2.55	2.78	3.25	5.10
6	6	2.22	2.42	2.83	4.44
7	7	1.98	2.17	2.52	3.98
8	8	1.80	1.97	2.30	3.61
9	9	1.66	1.81	2.11	3.32
10	10	1.55	1.69	1.97	3.10
11~15	11	1.45	1.58	1.85	2.90
16~25	15	1.19	1.31	1.51	2.40
26~35	17	1.10	1.20	1.40	2.20
36~49	18	1.07	1.16	1.36	2.13
50 或以上	20	0.99	1.09	1.26	2.00

引自 GB/T 3543—1995《农作物种子检验规程》。

扦样的容器应严格随机选择。从容器中取出样品必须代表种子批的各部分,应从袋的顶部、中部和底部扦取种子。每一容器扦取的重量应不少于表1-5送验样品栏所规定的一半。

(二)测定方法

1. 异质性测得

异质性可从下列任一项目值测得:

(1)净度分析任一成分的重量百分率 在净度分析时,如能把某种成分分离出来(如净种子、其他植物种子或禾本科牧草的秕粒),则可用该成分的重量百分率表示。每份试样重量大约含1 000粒种子,分析时将每个试验样品分成两部分,即分析对象成分和其余成分。

(2)发芽试验任一成分的百分率 在标准发芽试验中,任何可测得的种子或幼苗都可采用,如正常幼苗、不正常幼苗或硬实等。测定时从各袋样分别取100粒种子,按GB/T 3543.4规定的条件同时做发芽试验。

(3)种子数 其他植物种子测定中任何一种能计数的成分均可采用,如某一植物种子粒数或所有其他植物种子的总粒数。每份试样的重量大约含10 000粒种子。

2. 异质性值 H 的计算

(1)净度与发芽

$$W = \frac{\overline{X}(100 - \overline{X})}{n} f \qquad (2.1)$$

$$\overline{X} = \frac{\sum X}{N} \qquad (2.2)$$

$$V = \frac{N\sum X^2 - (\sum X)^2}{N(N-1)} \qquad (2.3)$$

$$H = \frac{V}{W} - f \qquad (2.4)$$

式中: N—扦取袋样的数目;

n—从每个容器样品中得到的测定种子粒数(如净度分析为 1 000 粒,发芽试验为 100 粒,其他植物种子数目为 10 000 粒);

X—每个容器样品中净度分析任一成分的重量百分率或发芽率;

$\overline{X}$—从该种子批测定的全部 X 值的平均值;

W—净度或发芽率的独立容器样品可接受方差;

V—从独立容器样品中求得的某检验项目的实际方差;

f—为得到可接受方差的多重理论方差因子,见表1-7;

H—异质性值。

如 N 小于 10,计算到小数点后 2 位;如 N 等于 10 或大于 10,则计算到小数点后 3 位。

表 1-7　用于计算 W 和 H 值的 f 值

特性	无稃壳种子	有稃壳种子
净度	1.1	1.2
其他种子数目	1.4	2.2
发芽率	1.1	1.2

(2)指定的种子数

$$W = \overline{X} f$$

V 和 H 的计算与上述所列公式相同。

式中: $\overline{X}$ 指从每个容器样品中挑出的该类种子数的平均值。

如 N 小于 10,计算到小数点后 1 位;如 N 等于 10 或大于 10,则计算到小数点后 2 位。

3. 结果报告

若求得的 H 值超过表 1-6 的临界 H 值时,则该种子批存在显著的异质性;若求得的 H 值小于或等于临界 H 值时,则该种子批无异质现象;若求得的 H 值为负值时,则填报为零。

异质性的测定结果可填写表 1-8 结果单。

如果超出下列限度,则不必计算或填报 H 值:

(1)净度分析的任一成分:高于 99.8% 或低于 0.2%;

（2）发芽率：高于 99％ 或低于 1％；

（3）指定某一植物种的种子数：每个样品低于 2 粒。

表 1-8　种子批异质性测定结果单

单位名称		品种名称	
种子批(容器数)		扦样的容器数	
测定项目		测定项目平均值	
临界 H 值 （1％概率）		实测 H 值	
有无显著的异质性			
处理意见			

小结

　　种子检验的第一步是对种子批的扦样，扦样是从一批种子中取得少量样品用于种子各项质量指标的检测。扦取的样品是否具有代表性，将直接影响后面各项质量指标检测的正确性。如样品没有代表性，那么检验技术再先进，也难以获得正确的检验结果。错误的检验结果，将对农业生产造成不应有的损失。

思考题

　　1. 扦样有何意义？试述扦样的主要步骤及注意事项。

　　2. 试述各种袋装和散装扦样器的优缺点。

　　3. 试述各种分样器的使用方法及注意事项。

第二章　种子净度分析

知识目标

◆ 了解种子净度分析的标准。

◆ 理解净种子、种子净度、重型混杂物和其他植物种子的概念。

◆ 掌握种子净度分析的方法和步骤。

能力目标

◆ 正确识别净种子、其他植物种子和杂质。

◆ 掌握种子净度分析技术与结果计算。

◆ 掌握其他植物种子数目的测定方法。

第一节　净度分析的目的和意义

一、净度分析的目的

种子净度是指种子清洁干净的程度,即种子样品中除去杂质和其他植物种子后,留下的本作物的净种子的重量占分析样品总重量的百分率。种子净度是衡量种子质量的一项重要指标。通过对样品中净种子、其他植物种子、杂质的分析,可推断该种子批组成情况,为种子精选、质量分级提供依据。同时,分离出的净种子为种子质量的进一步分析提供样品。

二、净度分析的意义

种子批内所含杂草、杂质的种类与多少不仅影响作物的生长发育及种子的安全贮藏,还影响人畜的健康安全。通过净度分析,可了解种子批的利用价值,避免有害、有毒、检疫性杂草危害农业生产,为进一步精选加工提供依据,提高种子利用率。因此,开展种子净度分析对种子质量评价和利用具有重要意义。

第二节　净种子、其他植物种子和杂质的定义

一、净种子

净种子是指送验者所叙述的种（包括该种的全部植物学变种和栽培品种）符合净种子定义要求的种子单位或构造。

下列构造凡能明确地鉴别出它们属于所分析的种，即使是未成熟的、瘦小的、皱缩的、带病的或发过芽的种子单位都应作为净种子（已变成菌核、孢子团或者线虫瘿除外）。

（一）完整的种子单位

种子单位：播种的传播单位，包括真种子、瘦果、颖果等。禾本科中，种子单位如是小花，则须带有 1 个明显含有胚乳的颖果或裸粒颖果（缺乏内外稃）。

（二）大于原来大小一半的破损种子单位

大于原来大小一半的破损种子单位，即使无胚也是净种子；小于原来大小一半，即使有胚也为杂质。

（三）一些例外

根据上述原则，在个别的属或种中有一些例外。
（1）豆科，十字花科，松、柏科，种皮完全脱落的种子单位应列为杂质。
（2）即使有胚芽和胚根的胚中轴，并超过原来大小一半的附属种皮，豆科种子的分离子叶也列为杂质。
（3）甜菜属复胚种子超过一定大小的种子单位才列为净种子，但单胚品种除外。
（4）燕麦属、早熟禾属和高粱属中，附着的不育小花不需除去而列为净种子。
具体到每种作物的净种子鉴定标准见表 2-1。

表 2-1　主要作物净种子鉴定表

作物名称	净种子标准（定义）
大麻属（*Cannabis*）、茼蒿属（*Chrysanthemum*）、菠菜属（*Spinacia*）	瘦果，但明显没有种子的除外。 超过原来大小一半的破损瘦果，但明显没有种子的除外。 果皮/种皮部分或全部脱落的种子。 超过原来大小一半，果皮/种皮部分或全部脱落的破损种子。
荞麦属（*Fagopyrum*）、大黄属（*Rheum*）	有或无花被的瘦果，但明显没有种子的除外。 超过原来大小一半的破损瘦果，但明显没有种子的除外。 果皮/种皮部全部脱落的种子。 超过原来大小一半，果皮/种皮部分或全部脱落的破损种子。

续表 2-1

作物名称	净种子标准（定义）
红花属（*Carthamus*）、向日葵属（*Helianthus*）、莴苣属（*Lactuca*）、雅葱属（*Scorzonera*）、婆罗门参属（*Tragopogon*）	有或无喙（冠毛或喙和冠毛）的瘦果（向日葵属仅指有或无冠毛），但明显没有种子的除外。 超过原来大小一半的破损瘦果，但明显没有种子的除外。 果皮/种皮部分或全部脱落的种子。 超过原来大小一半，果皮/种皮部分或全部脱落的破损种子。
葱属（*Allium*）、苋属（*Amaranthus*）、花生属（*Arachis*）、石刁柏属（*Asparagus*）、黄芪属（紫云英属）（*Astragalus*）、冬瓜属（*Benincasa*）、芸薹属（*Brassica*）、木豆属（*Cajanus*）、刀豆属（*Canavalia*）、辣椒属（*Capsicum*）、西瓜属（*Citrullus*）、黄麻属（*Corchorus*）、猪屎豆属（*Crotalaria*）、甜瓜属（*Cucumis*）、南瓜属（*Cucubita*）、扁豆属（*Dolichos*）、大豆属（*Glycine*）、木槿属（*Hibiscus*）、甘薯属（*Ipomoea*）、葫芦属（*Lagenaria*）、亚麻属（*Linum*）、丝瓜属（*Luffa*）、番茄属（*Lycopersicon*）、苜蓿属（*Medicago*）、草木樨属（*Melilotus*）、苦瓜属（*Momordica*）、豆瓣菜属（*Nastartium*）、烟草属（*Nicotiana*）、菜豆属（*Phaeolus*）、酸浆属（*Physalis*）、豌豆属（*Pisum*）、马齿苋属（*Portulaca*）、萝卜属（*Raphanus*）、芝麻属（*Sesamum*）、田菁属（*Sesbania*）、茄属（*Solanum*）、野豌豆属（*Vicia*）、豇豆属（*Vigna*）	有或无种皮的种子。 超过原来大小一半，有或无种皮的破损种子。 豆科、十字花科，其种皮完全脱落的种子单位应列为杂质。 即使有胚中轴、超过原来大小一半以上的附属种皮，豆科种子单位的分离子叶也列为杂质。
棉属（*Gossypium*）	有或无种皮、有或无绒毛的种子。 超过原来大小一半，有或无种皮的破损种子。
蓖麻属（*Ricimus*）	有或无种皮、有或无种阜的种子。 超过原来大小一半，有或无种皮的破损种子。
芹属（*Apium*）、芫荽属（*Coriandrum*）、胡萝卜属（*Daucus*）、茴香属（*Foeniculum*）、欧防风属（*Pastinaca*）、欧芹属（*Petroselinum*）、茴芹属（*Pimpinella*）	有或无花梗的分果/分果，但明显没有种子的除外。 超过原来大小一半的破损分果，但明显没有种子的除外。 果皮部分或全部脱落的种子。 超过原来大小一半，果皮部分或全部脱落的破损种子。
大麦属（*Hordeum*）	有内外稃包着颖果的小花，当芒长超过小花长度时，须将芒除去。 超过原来大小一半，含有颖果的破损小花。 颖果。 超过原来大小一半的破损颖果。

续表 2-1

作物名称	净种子标准(定义)
黍属(*Panicum*)、狗尾草属(*Setaria*)	有颖片、内外稃包着颖果的小穗,并附有不孕外稃。 有内外稃包着颖果的小花。 颖果。 超过原来大小一半的破损颖果。
稻属(*Oryza*)	有颖片、内外稃包着颖果的小穗,当芒长超过小花长度时,须将芒除去。 有或无不孕外稃、有内外稃包着颖果的小花,当芒长超过小花长度时,须将芒除去。 有内外稃包着稃果的小花,当芒长超过小花长度时,须将芒除去。 颖果。 超过原来大小一半的破损颖果。
黑麦属(*Secale*)、小麦属(*Triticum*)、小黑麦属(*Triticosecale*)、玉米属(*Zea*)	颖果。 超过原来大小一半的破损颖果。
燕麦属(*Avena*)	有内外稃包着颖果的小穗,有或无芒,可附有不育小花。 有内外稃包着颖果的小花,有或无芒。 颖果。 超过原来大小一半的破损颖果。 注:①由两个可育小花构成的小穗,要把它们分开。 ②当外部不育小花的外稃部分地包着内部可育小花时,这样的单位不必分开。 ③从着生点除去小柄。 ④把仅含有子房的单个小花列为杂质。
高粱属(*Sorghum*)	有颖片、透明状的外稃或内稃(内外稃也可缺乏)包着颖果的小穗,有穗轴节片、花梗、芒,附有不育或可育小花。 有内外稃的小花,有或无芒。 颖果。 超过原来大小一半的破损颖果。
甜菜属(*Beta*)	复胚种子:用筛孔为 1.5 mm×20 mm 的 200 mm×300 mm 的长方形筛子筛理 1 min 后留在筛上的种球或破损种球(包括从种球突出程度不超过种球宽度的附着断柄),不管其中有无种子。 遗传单胚:种球或破损种球(包括从种球突出程度不超过种球宽度的附着断柄),但明显没有种子的除外。 果皮/种皮部分或全部脱落的种子。 超过原来大小一半,果皮/种皮部分或全部脱落的破损种子。 注:当断柄突出长度超过种球的宽度时,须将整个断柄除去。

续表 2-1

作物名称	净种子标准(定义)
薏苡属(*Coix*)	包在珠状小总苞中的小穗(一个可育,两个不育)。 颖果。 超过原来大小一半的破损颖果。
罗勒属(*Ocimum*)	小坚果,但明显无种子的除外。 超过原来大小一半的破损小坚果,但明显无种子的除外。 果皮/种皮部分或完全脱落的种子。 超过原来大小一半,果皮/种皮部分或完全脱落的破损种子。
番杏属(*Tetragonia*)	包有花被的类似坚果的果实,但明显无种子的除外。 超过原来大小一半的破损果实,但明显无种子的除外。 果皮/种皮部分或完全脱落的种子。 超过原来大小一半,果皮/种皮部分或完全脱落的破损种子。

引自 GB/T 3543—1995《农作物种子检验规程》。

二、其他植物种子

其他植物种子是指除净种子以外的任何植物种子单位(包括其他植物种子和杂草种子)。其他植物种子鉴别标准与净种子基本相同。但是,甜菜种子作为其他植物种子时不必筛选,可用遗传单胚的净种子定义。

三、杂质

杂质是指除净种子和其他植物种子以外的所有种子单位、其他物质及构造。杂质包括:
(1)明显不含真种子的种子单位。
(2)甜菜属复胚种子单位大小未达到净种子规定的最低大小的。
(3)破裂或受损伤种子单位的碎片为原来大小一半或不及一半的。
(4)种皮完全脱落的豆科、十字花科的种子。
(5)秤壳、茎叶、病原体、泥土、砂粒及所有其他非种子物质。

第三节　种子净度分析方法

种子净度分析大体分为重型混杂物检查、试样分取、试样分析和结果计算与报告 4 大步骤。

一、重型混杂物检查

重型混杂物是指重量和体积明显大于所分析种子的杂质。在送验样品中(或净度分析 10 倍以上重量的试样),尽管其数量不一定很多,但对净度分析结果往往有很大影响(如土块、小石块或小粒种子中混有大粒种子等)。这是因为重型混杂物数量太少,分样时可能分不进去,必须提前拣出并称重,再将重型混杂物分为其他植物种子和杂质。

二、试验样品的分取和称重

在送验样品挑出重型杂质后的样品中分取试验样品。净度分析的试验样品应估计至少含有 2 500 个种子单位的重量。样品太大费工,太小缺乏代表性。由于不同作物的籽粒差异大,每种作物都有规定的试样最低重量(可参见表 1-5 农作物种子批的最大重量和样品最小重量)。净度分析可用规定重量的 1 份试样,或 2 份半试样(试样重量的一半)进行分析。种子比较熟悉可用 1 份全试样,不太熟可用 2 份半试样,当然也可用 2 份全试样。分样的方法同送验样品的分取,可用分样器、四分法等。样品称重以克表示,精确度按表 2-2 的要求,以满足计算各种成分百分率达到 1 位小数的要求。表 2-2 适用于试样各组分的称重。

表 2-2　称重与小数位数

试样或半试样及其成分重量/g	称重至下列小数位数
1.000 以下	4
1.000~9.999	3
10.00~99.99	2
100.0~999.9	1
1 000 或 1 000 以上	0

引自 GB/T 3543.3—1995《农作物种子检验规程》。

三、试验样品的鉴定和分离

试样称重后,通常采用人工分析进行分离和鉴定。按净种子、其他植物种子和杂质的标准将试样分三部分,通常可借助一些器具。

(1)筛子　为了更好地将净种子与其他成分分开,一般选用两层筛子,按籽粒大小确定筛孔。上层为大孔筛,筛孔大于种子,用于分离较大成分;下层为小孔筛,筛孔小于种子,用于分离细小成分。筛理后,对各层筛上物分别进行分析。分析工作通常在玻璃面的净度分析桌上进行。分析时将样品倒在分析桌上,利用镊子逐粒观察鉴定。将净种子、其他植物种子、杂质分开,并分别放入小盘内。

(2)放大镜、双目解剖镜　可用于鉴定和分离小粒种子和碎片。

(3)种子吹风机　用于从较重的种子中分离出较轻的杂质。如皮壳及禾本科牧草的空小花。

需要注意,当不同植物种间区别困难或不可能区别时,则填报属名,该属的全部种子均为净种子,并附加说明。种皮或果皮没有损伤的种子单位,不管空瘪或充实均作为净种子(或其他植物种子)。从表面发现其中明显无种子的,则列为杂质。若种皮或果皮有一裂口(损伤),必须判断留下的部分是否超过原来大小的一半,大于作为净种子。如不能迅速做出决定,可将种子列为净种子或其他植物种子。

四、结果计算和数据处理

（一）称重与计算

将试样各成分分离后，按净种子（P）、其他植物种子（OS）和杂质（I）分别称重，精确度与试样称重时相同。将 3 种成分重量之和与原试样重量进行比较，核对分析期间重量有无增失。增失若超过 5％，必须重做；增失不超过 5％，进行下步计算。以 3 种成分重量之和为分母，计算净种子、其他植物种子和杂质百分率。为保证平均数保留 1 位小数的准确性，若分析的是全试样，各成分重量百分率应计算到 1 位小数；若是半试样，各成分重量百分率应计算到 2 位小数。

送验样品有重型混杂物时，最后净度分析结果按下式计算：

净种子：
$$P_1 = \frac{P}{P + OS + I} \times 100\%$$

其他植物种子：
$$OS_1 = \frac{OS}{P + OS + I} \times 100\%$$

杂质：
$$I_1 = \frac{I}{P + OS + I} \times 100\%$$

（二）数据处理

1. 两份半试样

如果分析两份半试样，分析后任一成分的相差不得超过表 2-3 所示的重复分析间的容许差距，若所有成分的实际差距都在容许范围内，则计算每一成分的平均值。如实际差距超过容许范围，则下列程序进行：

（1）再重新分析成对样品，直到一对数值在容许范围内为止（但全部分析不必超过 4 对）。

（2）凡一对间的相差超过容许差距两倍时，均略去不计。

（3）各种成分百分率的最后记录，应从全部保留的几对加权平均数计算。

表 2-3 中所指的有稃壳种子的种类包括芹属（*Apium*）、花生属（*Arachis*）、燕麦属（*Avena*）、甜菜属（*Beta*）、茼蒿属（*Chrysanthemum*）、薏苡属（*Coix*）、胡萝卜属（*Daucus*）、荞麦属（*Fagopyrum*）、茴香属（*Foeniculum*）、棉属（*Gossypium*）、大麦属（*Hordeum*）、莴苣属（*Lactuca*）、番茄属（*Lycopersicon*）、稻（*Oryza*）、黍属（*Panicum*）、欧防风属（*Pastinaca*）、欧芹属（*Petroselinum*）、茴芹属（*Pimpinella*）、大黄属（*Rheum*）、鸦葱属（*Scorzonera*）、狗尾草属（*Setaria*）、高粱属（*Sorghum*）、菠菜属（*Spinacia*）。

2. 两份或两份以上试样

如果在某种情况下有必要分析第二份试样时，那么两份试样各成分实际的差距不得超过表 2-3 中所示的容许差距。若所有成分都在容许范围内，则取其平均值；若超过，则再分析一份试样；若分析后的最高值和最低值差异没有大于容许误差 2 倍时，则填报三者的平均值。如果其中的一次或几次显然是由于差错造成的，那么该结果须去除。

表 2-3 同一实验室内同一送验样品净度分析的容许差距

(5%显著水平的两尾测定)

两次分析结果平均		不同测定之间的容许差距			
		半试样		试样	
50%以上	50%以下	无稃壳种子	有稃壳种子	无稃壳种子	有稃壳种子
99.95～100.00	0.00～0.04	0.20	0.23	0.1	0.2
99.90～99.94	0.05～0.09	0.33	0.34	0.2	0.2
99.85～99.89	0.10～0.14	0.40	0.42	0.3	0.3
99.80～99.84	0.15～0.19	0.47	0.49	0.3	0.4
99.75～99.79	0.20～0.24	0.51	0.55	0.4	0.4
99.70～99.74	0.25～0.29	0.55	0.59	0.4	0.4
99.65～99.69	0.30～0.34	0.61	0.65	0.4	0.5
99.60～99.64	0.35～0.39	0.65	0.69	0.5	0.5
99.55～99.59	0.40～0.44	0.68	0.74	0.5	0.5
99.50～99.54	0.45～0.49	0.72	0.76	0.5	0.5
99.40～99.49	0.50～0.59	0.76	0.80	0.5	0.6
99.30～99.39	0.60～0.69	0.83	0.89	0.6	0.6
99.20～99.29	0.70～0.79	0.89	0.95	0.6	0.7
99.10～99.19	0.80～0.89	0.95	1.00	0.7	0.7
99.00～99.09	0.90～0.99	1.00	1.06	0.7	0.8
98.75～98.99	1.00～1.24	1.07	1.15	0.8	0.8
98.50～98.74	1.25～1.49	1.19	1.26	0.8	0.9
99.25～98.49	1.50～1.74	1.29	1.37	0.9	1.0
98.00～98.24	1.75～1.99	1.37	1.47	1.0	1.0
97.75～97.99	2.00～2.24	1.44	1.54	1.0	1.1
97.50～97.74	2.25～2.49	1.53	1.63	1.1	1.2
97.25～97.49	2.50～2.74	1.60	1.70	1.1	1.2
97.00～97.24	2.75～2.99	1.67	1.78	1.2	1.3
96.50～96.99	3.00～3.49	1.77	1.88	1.3	1.3
96.00～96.49	3.50～3.99	1.88	1.99	1.3	1.4
95.50～95.99	4.00～4.49	1.99	2.12	1.4	1.5
95.00～95.49	4.50～4.99	2.09	2.22	1.5	1.6
94.00～94.99	5.00～5.99	2.25	2.38	1.6	1.7
93.00～93.99	6.00～6.99	2.43	2.56	1.7	1.8
92.00～92.99	7.00～7.99	2.59	2.73	1.8	1.9
91.00～91.99	8.00～8.99	2.74	2.90	1.9	2.1
90.00～90.99	9.00～9.99	2.88	3.04	2.0	2.2
88.00～89.99	10.00～11.99	3.08	3.25	2.2	2.3
86.00～87.99	12.00～13.99	3.31	4.49	2.3	2.5
84.00～85.99	14.00～15.99	3.52	3.71	2.5	2.6

续表 2-3

两次分析结果平均		不同测定之间的容许差距			
		半试样		试样	
50％以上	50％以下	无稃壳种子	有稃壳种子	无稃壳种子	有稃壳种子
82.00～83.99	16.00～17.99	3.69	3.90	2.6	2.8
80.00～81.99	18.00～19.99	3.86	4.07	2.7	2.9
78.00～79.99	20.00～21.99	4.00	4.23	2.8	3.0
76.00～77.99	22.00～23.99	4.14	4.37	2.9	3.1
74.00～75.99	24.00～25.99	4.26	4.50	3.0	3.2
72.00～73.99	26.00～27.99	4.37	4.61	3.1	3.3
70.00～71.99	28.00～29.99	4.47	4.71	3.2	3.3
65.00～69.99	30.00～34.99	4.61	4.86	3.3	3.4
60.00～64.99	35.00～39.99	4.77	5.02	3.4	3.6
50.00～59.99	40.00～49.99	4.89	5.16	3.5	3.7

引自 GB/T 3543.3—1995《农作物种子检验规程》。

（三）修约与结果计算

各种成分的最后填报结果应保留 1 位小数。各种成分之和应为 100.0％，小于 0.05％的微量成分在计算中应除外。如果其和是 99.9％或 100.1％，那么从最大值（通常是净种子部分）增减 0.1％。如果修约值大于 0.1％，那么应检查计算有无差错。

送验样品中有重型混杂物时，净度分析结果应按下式进行换算：

净种子：
$$P_2 = P_1 \times \frac{M-m}{M} \times 100\%$$

其他植物种子：
$$OS_2 = OS_1 \times \frac{M-m}{M} + \frac{m_1}{M} \times 100\%$$

杂质：
$$I_2 = I_1 \times \frac{M-m}{M} + \frac{m_2}{M} \times 100\%$$

式中：M—送验样品的重量，g；

m—重型混杂物的重量，g；

m_1—重型混杂物中的其他植物种子重量，g；

m_2—重型混杂物中的杂质重量，g；

P_1—除去重型混杂物后的净种子重量百分率，％；

I_1—除去重型混杂物后的杂质重量百分率，％；

OS_1—除去重型混杂物后的其他植物种子重量百分率，％。

最后应检查：$(P_2 + I_2 + OS_2)\% = 100.0\%$。

（四）结果报告

净度分析的结果应保留 1 位小数，各种成分的百分率总和必须为 100％。成分小于 0.05％的填报为"微量"，如果一种成分的结果为零，须填"—0.0—"。

当测定某一类杂质或某一种其他植物种子的重量百分率达到或超过 1%时,该种类应在结果报告单上注明。

若需将净度分析结果与规定值比较,其容许差距见表 2-4。

表 2-4 净度分析与标准规定值比较的容许差距

(5%显著水平的一尾测定)

标准规定值		容许差距	
50%以上	50%以下	无稃壳种子	有稃壳种子
99.95~100.00	0.00~0.04	0.10	0.11
99.90~99.94	0.05~0.09	0.14	0.16
99.85~99.89	0.10~0.14	0.18	0.21
99.80~99.84	0.15~0.19	1.21	0.24
99.75~99.79	0.20~0.24	0.23	0.27
99.70~99.74	0.25~0.29	0.25	0.30
99.65~99.69	0.30~0.34	0.27	0.32
99.60~99.64	0.35~0.39	0.29	0.34
99.55~99.59	0.40~0.44	0.30	0.35
99.50~99.54	0.45~0.49	0.32	0.38
99.40~99.49	0.50~0.59	0.34	0.41
99.30~99.39	0.60~0.69	0.37	0.44
99.20~99.29	0.70~0.79	0.40	0.47
99.10~99.19	0.80~0.89	0.42	0.50
99.00~99.09	0.90~0.99	0.44	0.52
98.75~98.99	1.00~1.24	0.48	0.57
98.50~98.74	1.25~1.49	0.52	0.62
98.25~98.49	1.50~1.74	0.57	0.67
98.00~98.24	1.75~1.99	0.61	0.72
97.75~97.99	2.00~2.24	0.63	0.75
97.50~97.74	2.25~2.49	0.67	0.79
97.25~98.49	2.50~2.74	0.70	0.83
97.00~97.24	2.75~2.99	0.73	0.86
96.50~96.99	3.00~3.49	0.77	0.91
96.00~96.49	3.50~3.99	0.82	0.97
95.50~95.99	4.00~4.49	0.87	1.02
95.00~95.49	4.50~4.99	0.90	1.07
94.00~94.99	5.00~5.99	0.97	1.15
93.00~93.99	6.00~6.99	1.05	1.23
92.00~92.99	7.00~7.99	1.12	1.31

续表 2-4

标准规定值		容许差距	
50%以上	50%以下	无稃壳种子	有稃壳种子
91.00~91.99	8.00~8.99	1.18	1.39
90.00~90.99	9.00~9.99	1.24	1.46
88.00~89.99	10.00~11.99	1.33	1.56
96.00~87.99	12.00~13.99	1.43	1.67
84.00~85.99	14.00~15.99	1.51	1.78
82.00~83.99	16.00~17.99	1.59	1.87
80.00~81.99	18.00~19.99	1.66	1.95
78.00~79.99	20.00~21.99	1.73	2.03
76.00~77.99	22.00~23.99	1.78	2.10
74.00~75.99	24.00~25.99	1.84	2.16
72.00~73.99	26.00~27.99	1.83	2.21
70.00~71.99	28.00~29.99	1.92	2.26
65.00~69.99	30.00~34.99	1.99	2.33
60.00~64.99	35.00~39.99	2.05	2.41
50.00~59.99	40.00~49.99	2.11	2.48

引自 GB/T 3543.3—1995《农作物种子检验规程》。

第四节　其他植物种子数目测定

在净度分析中已经列出其他种子的重量百分比和种类,为什么要做其他植物种子数目测定?因为净度分析的重量百分率表示存在两方面缺陷,一是重量百分率最少只能表达 0.1%(因保留 1 位小数),相当于小麦种子中混有 2~3 粒以上的种子;若只有 1~2 粒种子用重量百分率不能表示出来。二是在杂草种子中,种子大小相差很大,如杂草种子重量百分率为 1%,对田野毛茛将含 800 粒种子,对于卷耳含有 100 000 粒种子,小粒杂草虽然比率小,但危害大。为了弥补这一缺陷,引入了其他植物种子数目测定这一检测项目。

一、测定类型

根据送验者的不同要求,其他植物种子数目测定可分为:完全检验、有限检验和简化检验。

(1)完全检验　从整个试验样品中找出所有其他植物种子,并数出每个种的种子数。

(2)有限检验　从整个试验样品中找出送验者所指定物种的种子。只需找出送验者指定种的其他植物种子,只要发现一粒即可。

(3)简化检验　如果送验者所指定的种难以鉴定时,可采用简化检验。简化检验是用规定试验样品重量的 1/5 检验全部种类的测定方法。

二、测定方法

(一)试样重量

试样通常为净度分析试样重量的 10 倍,即约 25 000 个种子单位的重量,或与送验样品重量相同。但当送验者所指定的种较难鉴定时,可减少至规定试样量的 1/5。

(二)分析测定

(1)分析时可借助放大镜、吹风机和光照设备。
(2)根据送验人的要求对试样逐粒观察,挑出所有其他植物种子或某些指定种的种子,并数出每个种的种子数。
(3)当发现有的种子不能准确鉴定到所属种时,可鉴定到属。

三、结果计算和数据处理

结果用测定中发现的种(或属)的种子数来表示,但通常折算为样品每单位重量(kg)所含的其他植物种子数。

$$其他植物种子含量(粒/kg) = \frac{其他植物种子数}{试验样品重量(g)} \times 1\,000$$

当需要判断(同一检验室或不同检验室)对同一种子批的两个测定结果是否一致,可查其他植物种子数目测定的容许差距表(表 2-5)。

表 2-5 其他植物种子数目测定的容许差距

(5%显著水平的两尾测定)

两次测定结果的平均值	容许差距	两次测定结果的平均值	容许差距
3	5	43～47	19
4	6	48～52	20
5～6	7	53～57	21
7～8	8	58～63	22
9～10	9	64～69	23
11～13	10	70～75	24
14～15	11	76～81	25
16～18	12	82～88	26
19～22	13	89～95	27
23～25	14	96～102	28
26～29	15	103～110	29
30～33	16	111～117	30
34～37	17	118～125	31
38～42	18	126～133	32

续表 2-5

两次测定结果的平均值	容许差距	两次测定结果的平均值	容许差距
134~142	33	301~313	49
143~151	34	314~326	50
152~160	35	327~339	51
161~169	36	340~353	52
170~178	37	354~366	53
179~188	38	367~380	54
189~198	39	381~394	55
199~209	40	395~409	56
210~219	41	410~424	57
220~230	42	425~439	58
231~241	43	440~454	59
242~252	44	455~469	60
253~264	45	470~485	61
265~276	46	486~501	62
277~288	47	502~518	63
289~300	48	519~534	64

引自 GB/T 3543.3—1995《农作物种子检验规程》。

其他植物种子测定应填报测定种子的实际重量、该重量中找到和发现的各个种的种子数目及其这些种的学名,并注明采用的测定方法为完全检验、有限检验或简化检验。

第五节 包衣种子净度分析与其他植物种子数目测定

一、包衣种子净度分析

通常情况下,包膜种子、丸化种子和种子带内的种子不进行净度分析,但如果送验者提出要求,则可按以下方法进行净度分析。包衣种子净度分析最常见的是丸化种子的净度分析,将试样分成净丸化种子、未丸化种子和杂质。

(一)净丸化种子

(1)含有或不含有种子的完整丸化粒。

(2)丸化物质面积表面覆盖占种子表面一半以上的破损丸化粒,但明显不是送验者所述的植物种子或不含有种子的除外。

（二）未丸化种子

(1)任何植物种的未丸化种子。

(2)可以看出其中含有一粒非送验者所述种的破损丸化种子。

(3)可以看出其中含有送验者所述种,而它又未归于净丸化种子中的破损丸化种子。

（三）杂质

(1)脱下的丸化物质。

(2)明显没有种子的丸化碎块。

(3)按常规种子检验净度分析规定作为杂质的任何其他物质。

为了核实丸化种子中所含种子是确实属于送验者所述的种,应从净度分析后的净丸化部分中取出 100 颗丸粒(包膜粒),用洗涤法或其他方法除去丸化物质,然后测定每粒种子所属的植物种。

将净丸化种子、未丸化种子和杂质分离后,分别测定各种成分的重量百分率,按照常规净度分析的格式填报结果。

二、包衣种子其他植物种子数目测定

1. 除去包衣材料

从试样取 2 500 粒丸化种子放入细孔筛里浸在水中振荡,以除去丸化物。所用筛孔建议上层筛用 1.00 mm,下层筛用 0.5 mm。丸化物质散布在水中,然后将种子放在滤纸上干燥过夜,再放在干燥箱中干燥,也可不进行干燥。种子带或种子毯需小心剪去包装物。若种子外面包裹水溶性薄膜,则用水浸泡种子,使薄膜自行脱落。

2. 测定其他植物种子数目

试验样品应分为两个半试样,从半试样中找出所有其他植物种子或按送验者要求找出某个所述种的种子。将测定种子的实际重量、学名和该重量找到的各个种的种子数填写在结果报告单上,并注明采用完全检验、有限检验或简化检验。

小结

净度是我国目前评价种子质量的四大指标之一,是种子检验的主要检测项目之一,用以说明种子的清洁干净程度。为了控制种子质量,从而为农业生产使用优质的种子提供保障,世界各国种子法规或规程都明确规定了净种子重量百分率的最低值以及有毒、有害杂草种子的种类和含量,凡低于净种子重量百分率规定标准或高于杂草种子规定数目标准的种子,一律不得在市场上流通或用于播种。

思考题

1. 试述种子净度分析的意义、方法和标准。
2. 为什么要进行其他植物种子数目测定?
3. 试述种子净度分析中重型混杂物、净种子、其他植物种子、杂质的特征特性。
4. 如何做好净度分析中结果处理和计算工作?

第三章　种子水分测定

知识目标
◆ 明确种子水分测定的重要性。
◆ 掌握种子水分测定的原理和方法。
◆ 了解种子水分的其他测定方法。

能力目标
◆ 掌握种子水分测定仪器的使用方法。
◆ 掌握种子水分测定操作方法及结果计算方法。

第一节　种子水分定义及测定重要性

　　种子水分含量的高低直接影响到种子的寿命、活力及生活力等,GB 4404～4407《农作物种子质量标准》中将它与净度分析、发芽试验、真实性和品种纯度鉴定并列为种子质量四大指标。

一、种子水分定义

　　种子水分又被称为种子含水量,是指种子样品所含有的水分重量(自由水和束缚水)占种子样品重量的百分率。GB/T 3543.6—1995《农作物种子检验规程水分测定》中定义水分就是按规定程序把种子样品烘干所失去的重量,用失去重量占供检样品原始重量的百分率表示。用公式表示如下:

$$种子水分 = \frac{样品烘前重 - 样品烘后重}{样品烘前重} \times 100\%$$

　　注:中国一般以供检样品原始湿重作为计算水分的基数。

　　各国都在种子质量控制上明确规定了各种正常种子安全贮藏的水分最高限度,如禾谷类种子安全水分一般为 $12.0\%\sim14.0\%$ 以下,油料作物种子为 $9.0\%\sim10.0\%$ 以下。

二、种子水分测定的重要性

由于种子水分受成熟程度、收获时间、加工干燥、包装贮藏、自然伤害（热伤、霜冻、病虫为害）、机械损伤等诸多因素影响，所以测定并控制种子水分成为保证种子质量的重要手段。从种子贮藏理论的角度讲，种子水分低，更有利于保持其活力，保持寿命。

一般来说，为保证种子质量，种子从田间收获到销售期间，种子水分测定一直贯穿始终，绝不允许不符合安全水分标准的种子入库或进入市场。随着农业机械普及，机械收获比例不断提高，收获前的水分测定可以帮助确定最佳收获时间；人工干燥种子前的水分测定可以帮助确定干燥种子所需温度、时间及方法；种子加工后的水分测定用来判断加工质量是否符合国家标准；即便是已经加工合格的种子也需要在种子贮藏或调运期间多次测定种子水分，评估种子的包装安全性、贮藏合理性及贮藏时间长短。

所以，正确及时地测定种子水分是保证种子安全贮藏的必要措施、确定适宜堆放方式及判断种子能否入库的重要指标。

第二节 种子水分测定的理论基础

一、种子水分性质及与水分测定的关系

按照水分特性可将种子内的水分分为自由水、束缚水和化合水 3 种状态。

1. 自由水

自由水也被称为游离水，存在于种子表面和细胞间隙内，这种状态的水能在细胞间隙自由流动，并自由出入种子内外，具有一般水的物理化学特性，容易受外界环境条件影响，易蒸发，种子含水量的变化也主要是由自由水的增减所致。一般来说，水稻种子水分超过 13.0%、玉米种子超过 11.0%、小麦种子超过 14.6% 时才会出现自由水。

自由水是种子水分测定的对象，因此，要确保种子水分测定的准确性，在种子样品送样、制样和测定过程中都要尽量防止因自由水损失而带来的偏差，尤其对高水分种子更应注意，否则会使水分测定结果偏低。一般可采取以下方法：将送检样品装在防湿容器中，尽可能排尽空气；收到送检样品后立即测定（如当天不能测定，应将样品贮藏在 4～5℃ 的条件下）；取样、磨碎及称重过程要迅速，避免蒸发。对于水分含量高的种子，选用高水分预先烘干法来测定水分。

2. 束缚水

束缚水也称结合水。这一部分水主要和种子内亲水胶体（如淀粉、蛋白质等）的羧基、氨基、肽基等以氢键或氧键等相连接，结合牢固，不能在细胞间隙中自由流动，也不易受外界温、湿度影响。束缚水失去水的性质，在 −25℃ 也不结冰。在种子烘干过程中，水分快速下降，主要由自由水引起，随着烘干过程的进行，水分蒸发速度逐渐减缓，正是由于束缚水被胶体牢固结合散失缓慢所致。

束缚水也是种子水分测定的对象，用烘干法测定水分时，低恒温条件下较难烘出，可提高

温度(如 130℃)或延长烘干时间,把束缚水蒸发出来,但要注意控制温度和时间,如高温烘干对烘干温度和时间都有严格要求。

3. 化合水

化合水也称分解水或组织水。种子中有些化合物如糖类,含有一定比例的能形成水分的氢和氧元素,在这些物质分解过程中产生的水分称之为化合水。这种类型的水并不以水分子的形式存在,而是化合物的组成部分,失掉这种水分化合物就会分解变质,所以它并不是真正意义上的水分。但在进行种子水分检测时,也要防止这部分水分蒸发出来。实验中如果采用 103℃ 低温烘干法,化合水不受影响;如果采用高温烘干法,当温度过高(>130℃)或烘干时间过长时(>1 h),就会出现因化合物分解导致水分测定结果偏高的结果,所以必须严格控制规定的温度和时间。

二、种子油分的性质及与水分测定的关系

种子中含有一些易挥发性物质,如不饱和脂肪酸和芳香油类物质,其化学性质也影响着种子水分测定结果的准确性。

一些富含不饱和脂肪酸的种子,如亚麻,如果在磨碎或烘干过程中温度过高,容易使不饱和脂肪酸氧化,导致水分测定结果偏低。而对于一些油分含量较高,特别是芳香油含量较高的种子,如花生和大豆,当温度过高时,容易造成油分挥发损失,使样品减重增加,导致水分测定结果偏高。

鉴于不同种类的水分和油分的化学特性,在测定种子水分时,需要根据种子本身特性,选择合适的水分测定方法,既要保证种子中自由水和束缚水全部除去,又要尽量减少氧化、分解及一些易挥发性物质的损失造成的结果偏差,获得科学可信的数据以保障种子安全。

第三节　种子水分测定标准方法

种子水分测定方法很多,所谓标准法即烘干减重法,多用于正式检验报告,可细分为低恒温烘干法、高温烘干法和高水分种子预先烘干法 3 种。无论是哪一种烘干法,所用仪器设备及测定原理都是一致的。

烘干减重法原理:电烘箱通电后,箱内空气的温度升高,湿度降低,种子样品在高温低湿下,种子内水分受热汽化,样品内部蒸汽压大于样品外部(箱内)的蒸汽压,因此样品内水分不断向外扩散到空气中,并通过烘箱的通气孔不断向外扩散。根据样品烘干后减轻的重量即可计算样品含水量。

烘干减重法所用仪器设备:

①电热恒温干燥箱(电烘箱)。电烘箱主要由箱体(保温部分)、加热部分和恒温部分组成。有温度计式的电烘箱箱体内室装有可移动多孔铁丝网,顶部孔内插入 200℃ 温度计用来测定工作室内温度。除此之外,还有液晶式电烘箱。无论是哪一种电烘箱,在用于水分测定时,都应保证箱内各部位温度均匀一致,且能保持设定温度的恒定,加温效果良好,在预热好的仪器中加入样品后,可迅速并恒定到所需温度。

②电动粉碎机。主要用于样品粉碎,分为滚刀式和磨盘式两种。电动粉碎机除应满足磨样细度要求外,必须要结构密闭,以确保粉碎样品时尽量少的与室内空气接触,减少实验误差。此外,粉碎机转速要均匀,尽可能减少因磨样发热而引起的水分损失。

备有 0.5 mm、1.0 mm 和 4.0 mm 的金属丝筛子。

③千分之一天平。

④样品盒。常用的是铝盒,盒与盖标有相同的号码,紧凑合适。样品盒规格直径 4.6 cm,高 2~2.5 cm,盛样品 4.5~5 g,要求样品在盒内的分布≥0.3 g/cm² 以保证样品内水分的有效蒸发。对于高水分种子预先烘干时,可选用直径≥8 cm 的中型样品盒。

⑤干燥器和干燥剂。用于冷却经过烘干的样品或样品盒,防止回潮。干燥器的盖与底座边缘涂上凡士林后密闭良好,打开干燥器时要将盖向一边推开。干燥器内放置干燥剂,一般使用吸湿率 31% 的变色硅胶,根据其颜色变化判断其是否仍具有吸湿力,未吸湿前蓝色,吸湿后粉红色。变色硅胶呈粉红色后可放入烘箱加热烘干使其恢复吸湿性能。

⑥其他。需要有洗净烘干的磨口瓶、称量匙、粗纱线手套、毛笔、坩埚钳等。

一、低恒温法

(一)适用范围

低恒温烘干减重法适用于葱属、花生、芸薹属、辣椒属、大豆、棉属、向日葵、亚麻、萝卜、蓖麻、芝麻和茄子(但注意茄科番茄用高恒温烘干法)。

(二)方法要点

室内相对湿度 70% 以下时,将样品放置在(103±2)℃的电热烘箱内一次性烘干 8 h。若室内相对湿度过高会出现测定结果偏低,水分烘后散发不出去的现象。

(三)测定步骤

1. 铝盒恒重

将铝盒带盖放置于 130℃电热烘箱中恒温烘 1 h,在干燥器中冷却后称重,再继续烘干 30 min,再次放入干燥器中冷却称重,若两次烘干结果相差≤0.002 g,铝盒恒重完成,取 2 次平均值作为铝盒重量。否则,重复以上步骤至恒重。

2. 预调烘箱温度

将烘箱预热至 110~115℃,防止打开箱门放置样品时温度降过多,回升时间变长。

3. 样品前处理

需磨碎样品送检量大于 100 g,其他不少于 50 g。待测样品到达实验室后应立即测定,以防止水分发生变化。对于样品的处理可按以下步骤完成:

(1)混匀送验样品　用称样匙在样品罐内搅拌数次,或者将原样品罐口对准另一个同样大小的空罐口,把种子在两个罐口间往返倾倒。混匀后的样品取 15~25 g 两份,分别放入磨口瓶中,并密封备用。为保证测定结果的准确性,取样时勿直接用手触摸种子,应使用勺等干燥的工具。

(2)制备　如果是小粒种子可直接进入称重步骤,对另外一些颗粒较大的种子必须进行磨碎的前处理。磨碎的细度依种子大小和种类不同而不同,详见表 3-1。经过磨碎处理的样品应立即装入磨口瓶,并密封备用。

表 3-1 必须磨碎的种子种类及磨碎细度

作物种类	磨碎细度
燕麦、水稻、甜荞、苦荞、黑麦、高粱属、小麦属、玉米	至少有 50% 的磨碎成分通过 0.5 mm 筛孔,而 90% 通过 1.0 mm 筛孔
大豆、菜豆属、豌豆、西瓜、巢菜属	需要粗磨,至少有 50% 的磨碎成分通过 4.0 mm 筛孔
棉属、花生、蓖麻	磨碎或切成薄片

引自 GB/T 3543.6—1995《农作物种子检验规程》。

4. 样品称重

将烘干的样品盒(带盖)称重,记下盒号。将磨口瓶中已经处理好的样品在瓶内混匀,用 1/1 000 天平,称取试样 4.500~5.000 g 两份,在实验台上轻轻晃动使其在盒内摊平。

5. 烘干

将样品(带盒盖一起)快速放入已经恒温的烘箱内,尽可能选择在距温度计水银球约 2.5 cm 处放置样品,迅速关闭箱门。使烘箱温度在 5~10 min 内回升至(103±2)℃,当温度达到后开始计时,8 h 后,戴上手套在烘箱内趁热盖好盒盖,取出后放入干燥器内冷却至室温,再取出称重。

二、高恒温法

1. 适用范围

该方法适用于下列种子:芹菜、石刁柏、燕麦属、甜菜、西瓜、甜瓜属、南瓜属、胡萝卜、大麦、莴苣、番茄、烟草、水稻、菜豆属、豌豆、黑麦、高粱属、菠菜、小麦属、玉米等,主要适用粉质种子。

2. 方法要点

该方法与低恒温烘干法操作相同,但烘干的温度与时间不同。高恒温干燥首先将烘箱预热至 140~145℃,打开箱门放好样品盒,在 5~10 min 内烘箱温度必须保持 130~133℃,样品烘干时间为 1 h。

该法需要严格控制烘干温度和时间,防止温度过高或时间过长引起种子干物质氧化,挥发性物质损失等因素造成的结果偏差。

3. 测定步骤

同低恒温烘干法。

三、二次烘干法

也称高水分预先烘干法。

1. 适用范围

高水分种子较难磨碎到规定细度,而且磨碎时水分容易散发影响测定结果的正确性,所以对于需磨碎的高水分种子多采用此法,当禾谷类种子水分超过 18.0%,豆类和油料作物种子水分超过16.0%时必须采用预先烘干法。对于不需要磨碎的小粒种子含水量高时可直接烘干。

2. 方法要点

先将整粒种子初步烘干,然后进行磨碎或切片,最后再进行水分测定。

3. 操作步骤

称取两份样品各(25.00±0.02)g,置于直径大于8 cm的样品盒中,粮食作物种子在(103±2)℃烘箱中预烘30 min,油料作物种子在70℃预烘1 h,取出后放在室温冷却和称重。此后立即将这两个半干样品分别磨碎,并将磨碎物各取一份样品按低恒温或高恒温烘干方法进行测定。

四、结果计算及报告

1. 低恒温和高恒温烘干法测定种子水分时的计算公式

$$种子水分 = \frac{M_2 - M_3}{M_2 - M_1} \times 100\%（保留1位小数） \tag{3.1}$$

式中:M_1—带盖样品盒的恒重,g;

M_2—带盖样品盒及样品烘前重,g;

M_3—带盖样品盒及样品烘后重,g。

2. 二次烘干法测定种子水分时的计算公式

$$种子水分 = S_1 + S_2 - \frac{S_1 \times S_2}{100} \tag{3.2}$$

式中:S_1—第一次整粒种子烘后失去的水分,%;

S_2—第二次磨碎种子烘后失去的水分,%。

S_1、S_2用公式3.1计算求得。

例:现有1份送验的高水分含量的种子样品,第一次取整粒试样25.00 g,预烘后为23.27 g;第2次取磨碎试样5.000 g,烘后重量为4.355 g。求该种子的水分。

$$S_1 = (25.00 - 23.27) \div 25.00 \times 100\% = 6.92\%$$

$$S_2 = (5.000 - 4.355) \div 5.000 \times 100\% = 12.90\%$$

$$种子水分 = S_1 + S_2 - \frac{S_1 \times S_2}{100} = 6.92 + 12.90 - 6.92 \times 12.90 \div 100 = 18.9\%$$

3. 容许差距与结果报告

若两份平行样品水分测定结果绝对相差≤0.2%,其最终结果取其算术平均值。绝对相差不合要求时需要重做2次。

总体来说,上述3种烘干减重法中的低恒温法适合含油量高的种子;高温烘干法适合粉质种子;预先烘干法适合于需磨碎的高水分种子的测定。

目前国际和国内种子检验规程标准水分测定方法中,对大多数大、中粒种子都要求先经过磨碎、切片等处理,然后在规定温度下烘干一定时间才能测定水分,都存在操作繁琐,容易造成人为误差等不足。现在,世界上一些种子检验专家也正尝试研究整粒样品烘干来测定种子水分以解决当前方法存在的不足之处。

第四节 种子水分快速测定方法

种子水分测定十分必要,但如果每一次测定都采用国标方法进行,效率较低,不能满足实际生产、加工、运输的需求,所以出现了很多水分测定电子仪器,可进行种子水分的快速测定,这些速测方法多用在收购、调运和干燥加工过程中。

目前种子水分快速测定电子仪器,可分为电阻式、电容式和微波式三类,其中最为常用的是电阻式和电容式水分仪。

一、电阻式水分速测法

国产有许多种型号,其构造原理及测定方法基本相同。

（一）测定原理

根据欧姆定律, $I = V/R$,在闭合电路中,当电压一定时,电流强度与电阻成反比,电阻越大电流就越小。

如果将种子放在电路中,种子就是一个电阻,在一定的范围内(水分 8.0% ~ 20.0%),种子水分越高,溶解的物质增多,电离度增大,电阻就越小,电流较大,反之较小。根据这个原理,可以测定种子水分。由于水分含量与电流之间并非完全的直线关系,而是倒数函数关系,所以电流表上的刻度不是均等刻度,而且种子水分太低或太高时,相当于断路或短路,仪器都不能正常工作。

（二）方法要点

1. 选择对作物相对应的特定表盘或按钮

由于不同作物种子的化学组成不同,即使含水量相同,其自由水和束缚水的比例也不相同,电阻就不完全相同,所以用该仪器测定前必须先选择所测作物的特定表盘或按钮。

2. 注意温度对测定值的影响

样品电阻的大小受待测样品温度影响。当水分含量一定时,温度越高,电离度越大,电阻会降低,测定值就会偏高;反之则低。一般仪器以 20℃ 为准,高于或低于 20℃ 时都要对读数进行校正,每高 1℃ 就减去水分 0.1%,低 1℃ 就加上水分 0.1%。目前,有些仪器已经具备了自动校正功能,不需要人为校正了。

二、电容式水分速测法

（一）测定原理

将种子放在水分测定仪传感器中,作为电容的一个组成部分,由于 $C = \dfrac{\varepsilon \times s}{d}$,当样品量(即两极板对应面积 s)与两极板距离(d 为常数)一定时,电容量的变化只与介电常数变化有关,而种子样品的介电常数主要随种子水分的高低而变化(空气介电常数约为 1、种子中干物质为 10、水分为 81),因此种子内水分的变化就会引起介电常数的变化,从而引起电容的变化,通过测定传感器的电容量,就可间接地测得种子水分。

(二)方法要点

(1)注意温度对电容量的影响。电容量受温度影响,电容式水分仪一般都有热敏电阻补偿,所以测定值不需要再校正。为减少温度传感器的测定误差,应保证样品和仪器在相同温度下,从冰箱中取出的样品至少需要放置 16 h 才能达到热平衡。

(2)新购仪器或长期不用的仪器,使用前先与标准电烘箱法进行比对校正,准备高、中、低 3 个水平的标准水分进行仪器标定。

(3)测定时样品量要适当,不得过多或过少。

(4)种子水分在一定范围时才与电容表现为线性关系。如洋葱种子 6.0%~10.0%之间时方法测定比较准确。

使用电子仪器法测定种子水分具有快速、简便的特点,尤其适于种子收购入库及贮藏期的一般性检查,可以减少大量的工作。但这类仪器的使用也有其局限性,无论使用何种电子仪器,都应注意以下两点:

第一,使用电子仪器测定水分前,必须和烘干减重法进行校对,以保证测定结果的正确性,并注意仪器性能的变化,及时校正。

第二,样品中的各类杂质应先除去,样品水分不可超出仪器量程范围,测定时所用样品量需符合仪器说明要求。

小结

种子水分是我国种子质量标准中的四大指标之一。通过测定可以了解种子的含水量,高含水量种子新陈代谢旺盛,容易生虫、发霉,加快种子劣变。种子水分高低直接关系到种子的安全贮藏和运输,并且对保持种子生活力和活力具有重要作用。水分测定过程会受到种子本身化学成分以及外界一些因素的影响,正确的水分测定方法有助于判断种子的真正含水量,以指导生产实践。

思考题

1. 试述种子水分测定的意义。

2. 哪些种子适合低恒温法?哪些种子适合高恒温法?哪些种子应采用二次烘干法?

3. 请简要说明在水分测定时,哪些操作可能会使水分测定结果偏低,哪些会使水分测定结果偏高。

第四章　种子重量测定

知识目标
◆ 了解种子重量测定的含义及意义。
能力目标
◆ 掌握种子重量测定操作方法和结果计算方法。

第一节　种子重量测定的含义及意义

一、种子重量测定的含义

种子重量测定的含义是指测定一定数量种子的重量,通常用种子千粒重来表示。

种子千粒重通常是指自然干燥状态的 1 000 粒种子的重量。我国 1995 年《农作物种子检验规程》中指国家标准规定水分的 1 000 粒种子的重量,单位为克。

二、种子重量测定的意义

1. 种子重量反映了多项作物种子质量指标

一般来说,在相同水分条件下,种子重量大,说明种子内部贮藏营养物质多,表现为籽粒饱满、充实、均匀、粒大,种子质量高。种子重量测定方法简便,按照规定从种子批中取样测定种子千粒重即能够反映整个种子批的种子重量。

2. 种子重量是种子活力的重要指标之一

种子饱满充实重量大,内部贮藏营养物质就多,为种子萌发出苗提供更多营养物质,表现为发芽速度快、整齐度高、成苗率也高,并且幼苗健壮,从而为增加作物的产量打好基础。

3. 种子重量是计算播种量的重要依据之一

预先计算播种量,做到精量播种,可以节约用种,避免浪费。播种量计算因素包括千粒重、种子用价和栽培密度。计算方法如下:

千粒重与每千克种子粒数换算:

$$每千克种子粒数 = \frac{1\ 000(g)}{千粒重(g)} \times 1\ 000 \tag{4.1}$$

根据规定密度(每公顷苗数)计算理论播种量：

$$理论播种量(kg/hm^2) = \frac{每公顷规定苗数}{每千克种子粒数} \tag{4.2}$$

根据种子用价计算实际播种量：

$$实际播种量(kg/hm^2) = \frac{理论播种量 \times 理论种子用价}{实际种子用价} \tag{4.3}$$

综合上述公式(4.1)、(4.2)、(4.3)计算出每公顷播种量：

$$每公顷播种量(kg) = \frac{每公顷规定苗数 \times 千粒重 \times 理论种子用价}{1\ 000 \times 实际种子用价 \times 1\ 000}$$

第二节　千粒重测定方法

根据 GB/T 3543.7—1995《农作物种子检验规程其他项目检验》，种子千粒重测定列入了百粒法、千粒法和全量法 3 种测定方法。

种子数取可以采用手工或电子自动数粒仪；重量称量采用电子天平。

以下分别介绍百粒法、千粒法、全量法的测定程序。

一、百粒法

1. 试样数取

将净度分析后的净种子充分混合，然后用手或数粒仪从试验样品中随机数取 8 个重复，每个重复 100 粒。

2. 试样称重

8 个重复分别称重(g)，小数位数与 GB/T 3543.3—1995《农作物种子检验规程》净度分析中表 1 的规定相同。

3. 检查重复间容许变异系数，计算实测千粒重

计算 8 个重复间的平均重量($\overline{X}$)、标准差(S)及变异系数(CV)，具体公式如下：

$$标准差(S) = \sqrt{\frac{n(\sum X^2) - (\sum X)^2}{n(n-1)}}$$

$$平均重量(\overline{X}) = \frac{\sum X}{n}$$

$$变异系数(CV) = \frac{S}{\overline{X}}$$

式中：X—各重复种子的重量，g；

　　　n—重复次数。

如带有稃壳的禾本科种子[见 GB/T 3543.3 附录 B(补充件)]变异系数不超过 6.0，或其

他种子的变异系数不超过 4.0。如果变异系数不超过上述容许变异系数,则可计算实测千粒重;如果变异系数超过上述容许变异系数,则需要再测定 8 个重复,并计算 16 个重复的标准差。凡是与平均数之差超过 2 倍标准差的重复略去不计。

将 8 个或 8 个以上每个重复 100 粒种子的平均重量乘以 10 即为实测千粒重。

4. 换算成规定水分下的千粒重

我国标准规定千粒重是指国家种子质量标准规定水分的 1 000 粒种子的重量。根据种子质量标准 GB 4404～4409 和 GB 8079～8080 规定的种子水分,将实测水分的千粒重换算成规定水分的千粒重。换算公式如下:

$$千粒重(规定水分,g) = \frac{实测千粒重(g) \times [1 - 实测水分(\%)]}{1 - 规定水分(\%)}$$

二、千粒法

1. 试样数取

将净度分析后的净种子充分混合,用手工或数粒仪从试验样品中随机数取 2 个重复,每个重复大粒种子 500 粒,中小粒种子 1 000 粒。

2. 试样称重

2 个重复分别称重(g),小数位数与 GB/T 3543.3—1995《农作物种子检验规程》净度分析中表 1 的规定相同。

3. 检查重复间的容许误差

2 个重复的差数与平均数之比不超过 5%,若超过,则需要分析第 3 份重复,直到达到要求。大粒种子 500 粒测定时,取差距小的两个重复的平均数乘以 2 即为实测千粒重;中、小粒种子 1 000 粒测定时,取差距小的两个重复的平均数即为实测千粒重。

4. 换算成规定水分下的千粒重

同百粒法将实测千粒重换算成规定水分下的千粒重。

三、全量法

1. 数取试样总粒数

用数粒仪数取净度分析后的全部净种子的种子总粒数。

2. 试样称重

将数取的种子试样称重(g),小数位数与 GB/T 3543.3—1995《农作物种子检验规程》净度分析中表 1 的规定相同。

3. 换算成规定水分下的千粒重

根据上述种子试样重量和粒数,按照如下公式换算成实测千粒重:

$$实测千粒重(g) = \frac{W}{n} \times 1\,000$$

式中:W—种子试验总重量,g;

$\quad n$—种子试验总粒数。

同百粒法将实测千粒重换算成规定水分下的千粒重。

丸化种子重量测定方法按上述方法任选一种进行,计算净度分析后 1 000 粒净丸化粒的重量。

四、结果计算及报告

在种子检验报告单"其他测定项目"栏中填写规定水分下的种子千粒重测定结果,保留小数位数与 GB/T 3543.3—1995《农作物种子检验规程》净度分析中表 1 的规定相同。

小结

种子重量测定主要是衡量种子的千粒重,相同作物品种的种子重量差异反映出种子充实饱满程度的差异。种子充实饱满表明种子中贮藏物质丰富,有利于种子发芽和幼苗生长。种子重量测定是种子检验中的一个重要测定项目,在农业生产上,千粒重与种子活力、田间播种量计算、产量和种子综合品质等密切相关。种子千粒重测定可以用不同的方法,但是千粒重结果的比较应该在水分一致的情况下进行。

思考题

1. 种子重量测定的意义是什么?
2. 种子重量测定有哪些方法？简述其操作步骤。
3. 为什么对测定结果要统一换算成国家标准规定水分的种子千粒重?

第五章　种子发芽试验

知识目标

◆ 了解幼苗生长习性。

◆ 理解有关发芽试验的术语。

◆ 明确种子发芽试验技术规定。

◆ 掌握幼苗鉴定标准和标准发芽试验程序。

能力目标

◆ 掌握种子标准发芽试验方法和结果计算方法。

◆ 能根据幼苗形态鉴定出正常幼苗和不正常幼苗。

第一节　种子发芽试验的目的和意义

一、发芽试验的目的

种子发芽试验的目的是测定种子批的最大发芽潜力。发芽率是种子批质量高低的重要衡量指标之一,也可用于估测田间播种价值。

二、发芽试验的意义

种子发芽试验对种子经营和农业生产具有极为重要的意义。种子收购入库时做好发芽试验,可正确地进行种子分级和定价;种子贮藏期间做好发芽试验,可掌握贮藏期间种子发芽力的变化情况,以便及时改进贮藏条件,确保种子安全贮藏;种子经营时做好发芽试验,避免销售发芽率低的种子造成经济损失,可防止盲目调运发芽力低的种子,节约人力和财力;播种前做好发芽试验,可以选用发芽率高的种子播种,保证齐苗、壮苗和密度,同时可以计算实际播种量,做到精细播种,节约用种。承担种子质量监督职责的农业行政主管部门实施种子质量监督抽查时,做好种子发芽试验,对保证农业生产的安全用种有重要意义。

第二节 种子标准发芽试验

一、发芽试验条件

(一)发芽概念及相关术语

(1)发芽 在实验室内幼苗出现和生长达到一定阶段,幼苗的主要构造表明在田间的适宜条件下能进一步生长成为正常的植株。

(2)发芽率 在规定的条件和时间内长成的正常幼苗数占供检种子数的百分率。

(3)正常幼苗 在良好土壤及适宜水分、温度和光照条件下,能继续生长发育成为正常植株的幼苗。

(4)不正常幼苗 生长在良好土壤及适宜水分、温度和光照条件下,不能继续生长发育成为正常植株的幼苗。

(5)复胚种子单位 能够产生 1 株以上幼苗的种子单位,如伞形科未分离的分果,甜菜的种球等。

(6)未发芽的种子 在规定的条件下,试验末期仍不能发芽的种子,包括硬实、新鲜不发芽种子、死种子(通常变软、变色、变霉,并没有幼苗生长的迹象)和其他类型(如空的、无胚或虫蛀种子)。

(7)硬实 指那些种皮不透水的种子,如某些棉花种子,豆科的苜蓿、紫云英种子等。

(8)新鲜不发芽种子 由生理休眠所引起,试验期间保持清洁和一定硬度,有生长成为正常幼苗潜力的种子。

(二)发芽试验的设备和用品

1. 发芽箱和发芽室

发芽箱是提供种子发芽所需的温度、湿度或水分、光照等条件的设备。发芽箱可分为两类:一类是"干型",只控制温度不控制湿度,可分为恒温发芽箱和变温发芽箱两种;另一类是"湿型",既控制温度又控制湿度。

目前常用的发芽箱大部分属于"干"型,如光照变温发芽箱,具有一个保温良好的箱体,箱的上下部分别设有加热系统和制冷系统,可根据发芽技术要求升温、降温或变温。箱体后部装有鼓风机,箱内中间配有数层发芽架,箱体的内壁装有日光灯。其特点是可调节和控制温度和光照条件,是一种功能较为完备的发芽箱。

在选用发芽箱时,应考虑以下因素:

(1)控温可靠、准确、稳定,箱内上、下各部位温度均匀一致;

(2)制冷制热能力强,变温转换要能在 1 h 内完成;

(3)光照强度至少达到 750 lx;

(4)装配有风扇,通气良好,操作简便等。

发芽室可以认为是一种改进的大型发芽箱,其构造原理与发芽箱相似,只不过是容量扩大,在其四周置有发芽架。发芽室跟发芽箱一样,也有"干型"和"湿型",干型发芽室放置的培养皿需加盖保湿。

2. 数种设备

目前常用的数种设备有 2 种,即活动数种板和真空数种器。

(1)活动数种板　适用于大粒种子,如大豆、玉米、菜豆和脱绒棉籽等种子的数种和置床。数种板由固定下板和活动上板组成。其板面大小刚好与所数种子的发芽容器相适应。上板和下板均开有与计数种子大小和形状相适应的 25 或 50 个孔。使用时可将数种板放在发芽床上,把种子散在板上,并将板稍微倾斜,以除去多余种子。当每孔只有 1 粒种子时,移动上板,使上下板孔对齐,种子就落在发芽床的相应位置。

(2)真空数种器　适用于中、小粒种子,如水稻、小麦种子的数种和置床。通常由数种头、气流阀门、调压阀、真空泵和连接皮管等部分组成。使用时选择与计数种子相应的数种头,在产生真空前,将种子均匀撒在数种头上,然后接通真空泵,倒去多余种子,使每孔只吸 1 粒种子,将数种头倒放在发芽床上,再解除真空,种子便落在发芽床的适当位置。操作时应注意避免将数种头直接嵌入种子,防止有选择性地选取重量较轻的种子,确保置床的种子是随机选取的。

3. 发芽皿

发芽皿是用来安放发芽床的容器。发芽皿要求透明、保湿、无毒,具有一定的种子发芽和发育的空间,确保一定的氧气供应,使用前需清洗和消毒。

4. 发芽床

发芽床是由供给种子发芽水分和支撑幼苗生长的介质和盛放介质的发芽器皿构成。种子检验规程规定的发芽床主要有纸床、沙床以及土壤床等种类,常用的是纸床和沙床。对各种发芽床的基本要求是保水、通气性好,pH 为 6.0~7.5,无毒质、无病菌和具有一定强度。

(1)纸床　多用于中、小粒种子发芽。用纸作为发芽介质是种子发芽试验中应用最多的一类发芽床。供作发芽床用的纸类有专用发芽纸、滤纸和纸巾等。纸床的使用方法主要有纸上(TP)和纸间(BP)2 种。

一般来说,发芽纸应满足以下要求:

①吸水性强、保水性好。吸水良好的纸,不但吸水快(将纸条下端浸入水中,2 min 内水上升 30 mL 或以上的纸为好),而且持水力也要强,以保证发芽试验期间具有足够的水分。

②无毒质。纸张必须无酸碱、染料、油墨及其他对发芽有害的化学物质。纸张 pH 应为 6.0~7.5。

③无病菌。纸上带有真菌或细菌会导致病菌滋生而影响种子发芽,所以所用纸张必须清洁干净,无病菌污染。

④纸质韧性好。纸张具有多孔性和通气性,并具有一定强度,以免吸水时糊化和破碎,并在操作时不致撕破和发芽时种子幼根不致穿入纸内,便于幼苗的正确鉴定。

检查纸张有无毒质的方法是:选用对毒质敏感的牧草,如红顶草、梯牧草、弯叶画眉草、独行菜、紫羊茅等种子做发芽试验,观察纸张对幼苗的伤害情况。凡是胚根生长受抑制,根尖缩短、变色或从纸上翘起,并且根毛成束或胚芽缩短,则表明该纸张含有毒物质,不宜用作发芽介质。

(2)沙床　沙床发芽更接近种子发芽的自然环境,特别是对受病菌感染或种子处理引起毒性或在纸床上幼苗鉴定困难的种子,选用沙床发芽更为合适。

一般来说,用作发芽试验的沙粒应选用无任何化学药物污染的细沙,并在使用前作以下处理:

①洗涤。拣去较大的石子和杂物后用清水洗涤,除去污物和有毒物质。

②消毒。将洗净的湿沙放在铁盘内薄摊,在130～170℃高温下烘干约2 h,以杀死病菌和沙内的其他种子。

③过筛。取孔径为0.05 mm和0.80 mm的圆孔筛2个,将烘干的沙子过筛,取出两层筛之间的沙子,即直径为0.05～0.80 mm的沙粒作为发芽介质。这样大小的沙粒既具有足够的持水力,又能保持一定的孔隙,以利通气。

④拌沙。加水量为其饱和含水量的60%～80%。通常也可采用简便方法调配,即100 g干沙中加入18～26 mL的水,充分拌匀后,达到手捏成团,放手即散开,特别要注意,不能将干沙先倒入培养盒,然后再加水拌匀。这种拌沙法往往会造成沙中水分多、孔隙少、氧气不够,影响正常发芽。沙床的pH应为6.0～7.5。

一般情况下,沙子可以重复使用,使用前,必须洗净和重新消毒。但化学药品处理过的种子发芽所用的沙子不能重复使用。

沙床的使用方法有沙上(TS)和沙中(S)两种。

(3)土壤床　除了规程规定使用土壤床外,当纸床或沙床的幼苗出现中毒症状时或对幼苗鉴定有疑问时,可采用土壤床。

供作发芽试验用的土壤,其土质必须疏松良好、不结块(如土质黏重应加入适量的沙),无大颗粒。土壤中应基本上不含混入的种子、细菌、真菌、线虫或有毒物质。使用前,必须经过高温消毒,一般不重复使用。pH为6.0～7.0。

湿润发芽床的介质应纯净,未含有机杂质和无机杂质,无毒无害。

二、选用发芽床

按表5-1的规定,选用其中最适宜的发芽床。如水稻,表5-1中规定TP、BP和S三种发芽床。小、中粒种子一般用纸上(TP)发芽床;中粒种子可用纸间(BP)发芽床;大粒种子或对水分敏感的小、中粒种子宜用沙床(S)发芽。活力较差的种子,用沙床的效果为好。

在选好发芽床后,按不同植物的种子和发芽床的特性,调节到适当的温度。

三、数种置床

从充分混合的净种子中,用数种设备或手工随机数取400粒种子。一般中、小粒种子以100粒为一重复,试验为4次重复;大粒种子以50粒为一重复,试验为8次重复;特大粒种子以25粒为一重复,试验为16次重复。

复胚种子单位可视为单粒种子进行试验,无须弄破(分开),但芫荽除外。

置床时种子要均匀分布在发芽床上,种子之间留有1～5倍间距,以防发霉种子的相互感染和保持足够的生长空间。每粒种子应接触水分良好,使发芽条件一致。具体置床方法有:

(一)纸床

1. 纸上(TP)

纸上是指种子放在一层或多层纸上发芽,可采用下列3种方法:

(1)在培养皿里垫上两层发芽纸,充分吸湿,沥去多余水分,种子直接置放在湿润的发芽纸上,用培养皿盖盖好或用塑料袋罩好,放在发芽箱或发芽室内进行发芽试验;

(2)数种置床于湿润的发芽纸上,并将其直接放在"湿型"发芽箱的盘上,发芽箱内的相对湿度尽可能接近饱和;

(3)放在雅可勃逊发芽器上,这种发芽器配有放置发芽纸的发芽盘。

2. 纸间(BP)

纸间是指种子放在两层纸中间发芽,可采用下列两种方法:

(1)盖纸法 在培养皿里把种子均匀置放在湿润的发芽纸上,另外用一层湿润的发芽纸松松地盖在种子上;

(2)纸卷法 把种子均匀置放在湿润的发芽纸上后,再用一张同样大小的发芽纸覆盖在种子上,底部折起 2 cm,然后卷成纸卷,两端用橡皮筋扎住,竖放于保湿容器内。

(二)沙床

沙床使用方法有两种:

(1)沙上(TS) 适用于小、中粒种子。将拌好的湿沙装入培养盒中至 2～3 cm 厚,再将种子压入沙表层;

(2)沙中(S) 适用于中、大粒种子。将拌好的湿沙装入培养盒中至 2～4 cm 厚,播上种子,覆盖 1～2 cm 厚(厚度取决于种子的大小)的松散湿沙,以防翘根。

置床后需在发芽皿或其他发芽容器底盘的内侧面贴上标签,注明样品编号、品种名称、重复序号和置床日期等,然后盖好容器盖子或套上塑料袋保湿。

四、发芽培养和检查管理

(一)发芽培养

按表 5-1 规定的发芽条件选择适宜的发芽温度。虽然各种温度均有效,但一般来说,以选用其中的变温或较低恒温发芽为好。变温即在发芽试验期间 1 d 内较低温度保持 16 h,较高温度保持 8 h。用变温发芽时,要求非休眠种子应在 3 h 内完成变温,休眠种子应在 1 h 或更短时间内完成变温。发芽的温度在发芽期间应尽量一致。如规定温度在 23℃,发芽箱的发芽温度变幅不应超过±2℃。

需光型种子发芽时必须在有光照的条件下培养,光照强度应为 1 000～1 500 lx,光照时间为 8 h。需暗型种子在发芽初期应放置在黑暗条件下培养。对于大多数种子,最好在光照下培养,因为光照有利于抑制霉菌的生长繁殖以及幼苗子叶和初生叶的光合作用,并有利于正常幼苗鉴定,区分黄化和白化的不正常幼苗。

(二)检查管理

种子发芽期间,应进行适当的检查管理,以保持适宜的发芽条件。发芽床应始终保持湿润,水分不能过多或过少。温度应保持在所需温度的±2℃范围内,防止因控温部件失灵、断电、电器损坏等意外事故造成温度失控。如采用变温发芽,则应按规定变换温度。如发现有霉菌滋生,应及时取出洗涤去除霉菌。当发霉种子超过 5% 时,应更换发芽床,以免霉菌传开。

如发现腐烂死亡种子,则应及时将其除去并记载。还应注意通气,避免因缺氧而影响发芽。

(三)观察记载

1. 试验持续时间

每个试验的持续时间详见表5-1的规定。试验前或试验间用于破除休眠处理所需时间不作为发芽试验时间计算。如果样品在规定的试验时间内只有几粒种子开始发芽,则试验时间可延长7 d或延长规定时间的一半。根据试验情况,可增加计数的次数。反之,如果在规定的试验时间结束前,样品已达到最高发芽率,则该试验可提前结束。

2. 鉴定幼苗和观察计数

每株幼苗均应按规定的标准进行鉴定,鉴定要在主要构造已发育到一定时期时进行。在初次计数时,应把发育良好的正常幼苗进行记录后从发芽床中拣出;发霉的死种子或严重腐烂的幼苗应及时从发芽床中除去,并随时增加计数;对可疑的或损伤、畸形或不均衡的幼苗,通常到末次计数时处理。末次计数时,按正常幼苗、不正常幼苗、新鲜不发芽种子、硬实和死种子分类计数和记载。复胚种子单位作为单粒种子计数,试验结果用至少产生一个正常幼苗的种子单位的百分率表示。

五、结果计算和表示

试验结果以粒数的百分率表示。计算时,当一个试验的4次重复(每个重复以100粒种子计,大粒、特大粒种子可合并副重复至100粒的重复),其正常幼苗百分率都在最大容许差距范围内(表5-2),则取其平均数表示发芽百分率。不正常幼苗、新鲜不发芽种子、硬实和死种子的百分率按4次重复平均数计算。

平均数百分率修约到最近似的整数。正常幼苗、不正常幼苗、新鲜不发芽种子、硬实和死种子的百分率总和必须修正为100%。填报发芽结果时,需填报正常幼苗、不正常幼苗、新鲜不发芽种子、硬实和死种子的百分率。若其中任何一项结果为0,将符合"—0—"填入表格中。同时还需填报采用的发芽床种类和温度、试验持续时间以及促进发芽所采取的处理方法。

六、包衣种子发芽试验

包衣种子的发芽试验可用不脱去包衣材料的净丸化(净包膜)种子和脱去包衣材料的净种子2种方法进行试验。如同净度分析一样,后者只在特殊情况下:在送验者要求或为了核实(或比较)丸化或包膜种子内的净种子发芽能力时才使用。后者与非包衣种子检验程序完全相同,在除去包衣材料时应不影响发芽率。

1. 数取试样

从经净度分析后充分混合的净丸化(净包膜)种子中随机数取400粒,分4个重复,每个重复100粒。种子带的发芽试验须在带上进行,不需从制带物质中取下种子。试验样品由随机取得的带片组成,重复4次,每次重复含100粒种子。

2. 置床培养

发芽床、发芽温度、光照条件和特殊处理采用表5-1规定。发芽床最好采用沙床,也可以用土壤。丸化种子采用皱褶纸作发芽床,种子带必须采用纸间的发芽方法。

供水情况依据包衣材料和种子种类而不同。如果包衣材料黏附在子叶上,可在计数时用水小心喷洗幼苗。

3. 幼苗计数鉴定

试验时间可能比表 5-1 所规定的时间长,因此延长试样时间是必要的。但发芽缓慢可能是由试验条件不适宜引起的,可以做一个脱去包衣材料的种子发芽试验作对照。

表 5-1　农作物种子的发芽技术规定

种(变种)名	发芽床	温度/℃	首次计数天数	末次计数天数	附加说明,包括破除休眠的建议
1 洋葱	TP;BP;S	20;15	6	12	预先冷冻
2 葱	TP;BP;S	20;15	6	12	预先冷冻
3 韭葱	TP;BP;S	20;15	6	14	预先冷冻
4 细香葱	TP;BP;S	20;15	6	14	预先冷冻
5 韭菜	TP	20～30;20	6	14	预先冷冻
6 苋菜	TP	20～30;20	4～5	14	预先冷冻;KNO_3
7 芹菜	TP	15～25;20;15	10	21	预先冷冻
8 根芹菜	TP	15～25;20;15	10	21	预先冷冻
9 花生	BP;S	20～30;25	5	10	去壳;预先加温(40℃)
10 牛蒡	TP;BP	20～30;2	14	35	预先冷冻;四唑染色
11 石刁柏	TP;BP;S	20～30;25	10	28	
12 紫云英	TP;BP	20	6	12	机械去皮
13 裸燕麦(莜麦)	BP;S	20	5	10	
14 普通燕麦	BP;S	20	5	10	预先加温(30～35℃);预先冷冻;GA_3
15 落葵	TP;BP	30	10	28	预先洗涤,机械去皮
16 冬瓜	TP;BP	20～30;30	7	14	
17 节瓜	TP;BP	20～30;30	7	14	
18 甜菜	TP;BP;S	20～30;15～15～20	4	14	预先洗涤(复胚 2 h,单胚 4 h),再在 25℃下干燥后发芽
19 叶甜菜	TP;BP;S	20～30 ;15～15～20	4	14	
20 根甜菜	TP;BP;S	20～30;15～25;30	4	14	
21 白菜型油菜	TP	15～25;20	5	7	预先冷冻

续表 5-1

种(变种)名	发芽床	温度/℃	首次计数天数	末次计数天数	附加说明,包括破除休眠的建议
22 不结球白菜(包括白菜、乌塌菜、紫菜薹、薹菜、菜薹)	TP	15~25;20	5	7	预先冷冻
23 芥菜型油菜	TP	15~25;20	5	7	预先冷冻;KNO_3
24 根用芥菜	TP	15~25;20	5	7	预先冷冻;GA_3
25 叶用芥菜	TP	15~25;20	5	7	预先冷冻;GA_3;KNO_3
26 茎用芥菜	TP	15~25;20	5	7	预先冷冻;GA_3;KNO_3
27 甘蓝型油菜	TP	15~25;20	5	7	预先冷冻
28 芥蓝	TP	15~25;20	5	7	预先冷冻;KNO_3
29 结球甘蓝	TP	15~25;20	5	10	预先冷冻;KNO_3
30 球茎甘蓝(苤蓝)	TP	15~25;20	5	10	预先冷冻;KNO_3
31 花椰菜	TP	15~25;20	5	10	预先冷冻;KNO_3
32 抱子甘蓝	TP	15~25;20	5	10	预先冷冻;KNO_3
33 青花菜	TP	15~25;20	5	10	预先冷冻;KNO_3
34 结球白菜	TP	15~25;20	5	7	预先冷冻;GA_3
35 芜菁	TP	15~25;20	5	7	预先冷冻
36 芜菁甘蓝	TP	15~25;20	5	14	预先冷冻;KNO_3
37 木豆	BP;S	20~30;25	4	10	
38 大刀豆	BP;S	20	5	8	
39 大麻	TP;BP	20~30;20	3	7	
40 辣椒	TP;BP;S	20~30;30	7	14	KNO_3
41 甜椒	TP;BP;S	20~30;30	7	14	KNO_3
42 红花	TP;BP;S	20~30;25	4	14	
43 茼蒿	TP;BP	20~30;15	4~7	21	预先加温(40℃,4~6h);预先冷冻;光照
44 西瓜	BP;S	20~30;30;25	5	14	
45 薏苡	BP	20~30	7~10	21	

续表 5-1

种(变种)名	发芽床	温度/℃	首次计数天数	末次计数天数	附加说明,包括破除休眠的建议
46 圆果黄麻	TP;BP	30	3	5	
47 长果黄麻	TP;BP	30	3	5	
48 芫荽	TP;BP	20~30;20	7	21	
49 柽麻	BP;S	20~30	4	10	
50 甜瓜	BP;S	20~30;25	4	8	
51 越瓜	BP;S	20~30;25	4	8	
52 菜瓜	BP;S	20~30;25	4	8	
53 黄瓜	TP;BP;S	20~30;25	4	8	
54 笋瓜(印度南瓜)	BP;S	20~30;25	4	8	
55 南瓜(中国南瓜)	BP;S	20~30;25	4	8	
56 西葫(美洲南瓜)芦	BP;S	20~30;25	4	8	
57 瓜尔豆	BP	20~30	5	14	
58 胡萝卜	TP;BP	20~30;20	7	14	
59 扁豆	BP;S	20~30;20;25	4	10	
60 龙爪稷	TP	20~30	4	8	KNO₃
61 甜荞	TP;BP	20~30;20	4	7	
62 苦荞	TP;BP	20~30;20	4	7	
63 茴香	TP;BP;TS	220~30;20	7	14	
64 大豆	BP;S	20~30;20	5	8	
65 棉花	BP;S	20~30;30;25	4	12	
66 向日葵	BP;S	20~30;25;20	4	10	预先冷冻;预先加温
67 红麻	BP;S	20~30;25	4	8	
68 黄秋葵	TP;BP;S	20~30	4	21	
69 大麦	BP;S	20	4	7	预先加温(30~35℃);预先冷冻;GA₃
70 蕹菜	BP;S	30	4	10	

续表 5-1

种(变种)名	发芽床	温度/℃	首次计数天数	末次计数天数	附加说明,包括破除休眠的建议
71 莴苣	TP;BP	20	4	7	预先冷冻
72 瓠瓜	BP;S	20~30	4	14	
73 兵豆(小扁豆)	BP;S	20	5	10	预先冷冻
74 亚麻	TP;BP	20~30;20	3	7	预先冷冻
75 棱角丝瓜	BP;S	30	4	14	
76 普通丝瓜	BP;S	20~30;30	4	14	
77 番茄	TP;BP;S	20~30;25	5	14	KNO_3
78 金花菜	TP;BP	20	4	14	
79 紫花苜蓿	TP;BP	20	4	10	预先冷冻
80 白香草木樨	TP;BP	20	4	7	预先冷冻
81 黄香草木樨	TP;BP	20	4	7	预先冷冻
82 苦瓜	BP;S	20~30;30	4	14	
83 豆瓣菜	TP;BP	20~30	4	14	
84 烟草	TP	20~30	7	16	KNO_3
85 罗勒	TP;BP	20~30;20	4	14	KNO_3
86 稻	TP;BP;S	20~30;30	5	14	预先加温(50℃);在水中或 HNO_3 中浸渍 24 h
87 豆薯	BP;S	20~30;30	7	14	
88 黍(糜子)	TP;BP	20~30;25	3	7	
89 美洲防风	TP;BP	20~30	6	28	
90 香芹	TP;BP	20~30	10	28	
91 多花菜豆	BP;S	20~30;20	5	9	
92 利马豆	BP;S	20~30;25;20	5	9	
93 菜豆	BP;S	20~30;25;20	5	9	
94 酸浆	TP	20~30	7	28	KNO_3
95 茴芹	TP;BP	20~30	7	21	
96 豌豆	BP;S	20	5	8	

续表 5-1

种(变种)名	发芽床	温度/℃	首次计数天数	末次计数天数	附加说明,包括破除休眠的建议
97 马齿苋	TP;BP	20～30	5	14	预先冷冻
98 四棱豆	BP;S	20～30;30	4	14	
99 萝卜	TP;BP;S	20～30;20	4	10	
100 食用大豆	TP	20～30	7	21	
101 蓖麻	BP;S	20～30	7	14	
102 鸦葱	TP;BP;S	20～30;20	4	8	预先冷冻
103 黑麦	TP;BP;S	20	4	7	预先冷冻;GA$_3$
104 佛手瓜	BP;S	20～30;20	5	10	
105 芝麻	TP	20～30	3	6	
106 田菁	TP;BP	20～30;25	5	7	
107 粟	TP;BP	20～30	4	10	
108 茄子	TP;BP;S	20～30;30	7	14	
109 高粱	TP;BP	20～30;25	4	10	预先冷冻
110 菠菜	TP;BP	15;10	7	21	预先冷冻
111 藜豆	BP;S	20～30;20	5	7	
112 香豌	BP;S	20～30;20	7	35	
113 婆罗门参	TP;BP	20	5	10	预先冷冻
114 小黑麦	TP;BP;S	20	4	8	预先冷冻;GA$_3$
115 小麦	TP;BP;S	20	4	8	预先加温(30～35℃);预先冷冻;GA$_3$
116 蚕豆	BP;S	20	4	14	预先冷冻
117 箭筈豌豆	BP;S	20	5	14	预先冷冻
118 毛叶苕子	BP;S	20	5	14	预先冷冻
119 赤豆	BP;S	20～30	4	10	
120 绿豆	BP;S	20～30;25	5	7	
121 饭豆	BP;S	20～30;25	5	7	
122 长豇豆	BP;S	20～30;25	5	8	
123 矮豇豆	BP;S	20～30;25	5	8	
124 玉米	BP;S	20～30;25;20	4	7	

引自 GB/T 3543.4—1995《农作物种子检验规程》。

注:TP—纸上,BP—纸间,S—沙,TS—沙上。

幼苗异常情况可能由于丸化或包衣材料所引起,当发生怀疑时用土壤进行重新试验。

正常幼苗与不正常幼苗的鉴定标准按规定进行。1颗丸粒或包膜粒,如果能产生送检者所叙述的1株正常幼苗,即认为具有发芽能力,如果不是送检者所叙述的种,即使长成正常幼苗,也不能包括在发芽率内。

复粒种子构造可能在丸化种子中发生变化,或者在1颗丸粒中发现1粒以上种子。在这种情况下,应把这些颗粒作为单位种子试验。用至少产生1株正常幼苗的构造或丸粒百分率表示。对产生2株或2株以上的丸粒,要分别计算记录。

4. 结果计算表示与报告

结果用粒数的百分率表示。种子带发芽试验时,需测定种子带总长度(或面积),记录正常幼苗总数,计算每米(或每平方米)的正常幼苗数,推算每米的正常幼苗数。结果报告与非包衣种子规定相同。

表 5-2   同一发芽试验 4 次重复间的最大容许差距

(2.5%显著水平的两尾测定)

平均发芽率		最大容许差距	平均发芽率		最大容许差距
50%以上	50%以下		50%以上	50%以下	
99	2	5	87~88	13~14	13
98	3	6	84~86	15~17	14
97	4	7	81~83	18~20	15
96	5	8	78~80	21~23	16
95	6	9	73~77	24~28	17
93~94	7~8	10	67~72	29~34	18
91~92	9~10	11	56~66	35~45	19
89~90	11~12	12	51~55	46~50	20

引自 GB/T 3543.4—1995《农作物种子检验规程》。

第三节   破除种子休眠的方法

种子休眠是种子本身未完全达到生理成熟或存在着发芽障碍,虽然给予适宜的发芽条件而仍不能萌发的现象。种子的休眠对植物本身来说是有利的特性,它可以抵抗不良环境条件。但另一方面,种子休眠也给农业生产造成一些困难。如作物到了播种季节而种子尚处于休眠状态,田间出苗参差不齐,出苗率低;处于休眠的种子,在测定种子发芽率时,因种子处于休眠状态就很难测到正确结果,对确定播种量以及播种适期也会造成一些困难。种子的发芽试验对生产经营和农业生产非常重要。种子收购入库后做好发芽试验,可掌握种子的质量状况,给生产经营者提供可靠的依据。在种子贸易时也常需要在短时间内了解种子批的发芽率。如果种子正处于休眠状态则难以通过发芽测定得到结果,影响经营者的决策,延误商机。所以能正确快速判定种子发芽潜力显得尤为重要。为了加快种子萌发和提高种子发芽率,常使用人工的方法来打破种子休眠。

一、破除休眠

破除种子休眠的方法很多,有化学物质处理、物理机械方法处理、干燥处理(包括自然干燥及人工加温干燥)等,可以根据不同作物的休眠原因和种子的数量选用适宜的方法。

(一)破除生理休眠

1. 预先冷冻处理(低温法)

试验前将各重复种子放在湿润的发芽床上,在 5～10℃ 之间进行预冷处理,如大麦、小麦、油菜种子在 5～10℃ 处理 3 d,然后在规定的条件下发芽。低温预先冷冻处理常能使休眠种子发芽完全或接近完全,所以可以作为解除种子休眠的常规方法。

2. 硝酸处理

硝酸等含氮化合物对破除水稻休眠种子非常有效,可用 0.1 mol/L 硝酸溶液浸种 16～24 h,冲洗后置床发芽。

3. 硝酸钾处理

适用于禾谷类、茄科等许多休眠种子。在置发芽床时,发芽床可用 0.2% 的硝酸钾溶液湿润。在试验期间水分不足时可加水湿润。

4. 赤霉素处理

赤霉素能破除多种种子的休眠,燕麦、大麦、黑麦和小麦种子用 0.05% 赤霉素(GA_3)溶液湿润发芽床,当休眠较浅时用 0.02% 的溶液,当休眠较深时需用 0.1% 的溶液。芸薹属可用 0.01% 或 0.02% 的溶液。

5. 双氧水处理

双氧水是常用的一种氧化剂,它可用于种皮透气性差的休眠种子,不同作物种子由于种皮组织及透气的差异,应分别采用适宜浓度的药液。如大麦、小麦和水稻休眠种子的处理。用 29% 浓双氧水处理时,小麦浸种 5 min,大麦浸种 19～20 min,水稻浸种 2 h,处理后,需马上用吸水纸吸去种子上的双氧水,再置床发芽。用淡双氧水处理时,小麦用 1% 浓度,大麦用 1.5% 浓度,水稻用 3% 浓度,均浸种 24 h。

6. 去稃壳处理

水稻用出糙机脱去稃壳,有稃大麦剥去胚部稃壳,菠菜剥去果皮或切破果皮,瓜类磕破种皮。

7. 加热干燥处理(高温法)

将发芽试验的各重复种子摊成一薄层,放在通风良好的条件下,于 30～40℃ 干燥处理数天。如大麦、小麦在 30～35℃ 处理 3～5 d;玉米播前晒种,用 35℃ 高温发芽;水稻 40℃ 处理 5～7 d;高粱 30℃ 处理 2 d;花生 40℃ 处理 14 d;大豆 30℃ 处理 0.5 d;棉花 40℃ 处理 1 d;胡萝卜、芹菜、菠菜、洋葱、黄瓜、西瓜 30℃ 处理 3～5 d。

(二)除去抑制物质

甜菜、菠菜等种子单位的果皮或种皮内有发芽抑制物质时,可把种子浸在温水或流水中预先洗涤,甜菜复胚种子洗涤 2 h,遗传单胚种子洗涤 4 h,菠菜种子洗涤 1～2 h。然后将种子干燥,干燥时最高温度不得超过 25℃。

二、破除硬实

硬实是一种特殊的休眠形式,其休眠的破除在于改变种皮的透水性,因此可采用多种方法损伤种皮,以达到促进萌发的目的,如温度处理(高温、冷冻、变温等处理)。

1. 开水烫种

适用于棉花和豆类的硬实。发芽试验前用开水烫种 2 min,然后再发芽。

2. 机械损伤

小心地将种皮刺穿、削破、锉伤或用砂皮纸摩擦。豆科硬实可用针直接刺入子叶部分,也可用刀片切去部分子叶。

第四节　幼苗鉴定

一、幼苗主要构造及相关术语

(一)幼苗的主要构造

单子叶和双子叶幼苗的主要构造见图 5-1 和图 5-2。

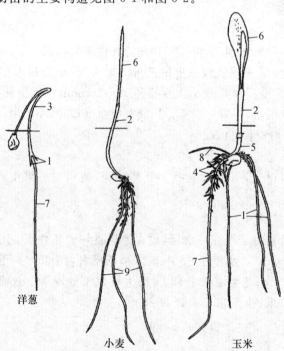

洋葱　　小麦　　玉米

图 5-1　单子叶植物种苗主要结构(引自《农作物种子检验员考核学习读本》,2006)

1. 不定根　2. 胚芽鞘　3. 子叶　4. 侧根　5. 中胚轴　6. 初生叶　7. 初生根　8. 次生根　9. 种子根

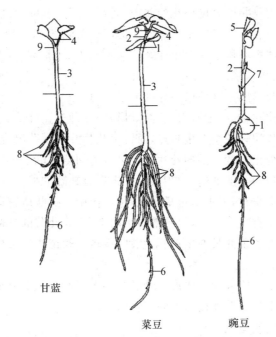

图 5-2 双子叶植物种苗主要结构（引自《农作物种子检验员考核学习读本》,2006）

1.子叶 2.上胚轴 3.下胚轴 4.柄 5.初生叶 6.初生根 7.鳞片状叶 8.次生根 9.顶芽

(二)相关术语

(1)胚 在种子中的幼小植株个体,通常由胚根、胚轴、胚芽和子叶或盾片等主要构造组成。

(2)子叶 胚和幼苗的第一片叶或第一对叶。

(3)盾片 在禾本科某些属中特有的变态子叶,其功能是从胚乳吸收养分输送到胚部的一种盾形构造。

(4)胚根 在子叶或盾片节下面胚轴尖端的部分,种子发芽时伸长,长出初生种子根。

(5)胚芽 在子叶节或盾片节上面胚轴的顶端部分。它是植株正常生长发育的分生组织。

(6)胚轴 胚中连接胚芽和胚根的部分。

(7)芽鞘 有些单子叶植物(如禾本科)中,胚或幼苗中包裹着初生叶和顶端分生组织的管状保护构造。

(8)幼苗 从种子中的胚发育生长而成的幼龄植株。

(9)幼苗的主要构造 因种而异,由根系、幼苗中轴(上胚轴、下胚轴或中胚轴)、顶芽、子叶和芽鞘等构造组成。

(10)初生根 由胚根发育而来的幼苗主根。

(11)次生根 除初生根外的其他根。

(12)不定根 从除根部以外其他任何部位生长的根(如着生在茎上的根)。

(13)种子根 在禾谷类植物中,由初生根和胚中轴上长出的数条次生根所形成的幼苗根系。

(14)上胚轴 子叶以上至第一片真叶或一对真叶以下的部分苗轴。

（15）中胚轴　在禾本科一些高度分化的属中，盾片着生点至胚芽之间的部分苗轴。

（16）下胚轴　初生根以上至子叶着生点以下的部分苗轴。

（17）中轴　指幼苗的中心构造。双子叶植物包括顶芽、上胚轴、下胚轴和初生根；单子叶植物包括顶芽、中胚轴和初生根。

（18）初生叶　在子叶后所出现的第一片叶或第一对叶。

（19）鳞叶　通常紧缩在轴上（如石刁柏、豌豆属）的一种退化叶片。

（20）苗端　幼苗茎顶端轴的主要生长点，通常由几片叶和顶芽组成。

（21）顶芽　由数片分化程度不同的叶片所包裹着的幼苗顶端。

（22）残缺根　不管根的长度如何，缺少根尖或根尖有缺陷的根。

（23）粗短根　虽根尖完整，但根缩短呈棒状，是幼苗中毒症状所特有的根。

（24）停滞根　通常具有完整根尖，但异常短小而细弱，与幼苗的其他构造相比失去均衡。

（25）扭曲构造　沿着幼苗伸长的主轴、下胚轴、芽鞘等幼苗构造发生扭曲状。包括轻度扭曲和严重扭曲。

（26）环状构造　改变了原来的直线形，下胚轴、芽鞘等幼苗构造完全形成环状或圆圈形。

（27）腐烂　由于微生物的存在而引起的有机组织溃烂。

（28）变色　颜色改变或褪色。

（29）向地性　植物生长对重力的反应，包括向地下生长的正向地性生长和向上生长的负向地性生长。

（30）感染　病原菌侵入活体（如幼苗主要构造）并蔓延，引起病症和腐烂。包括初生感染（种子本身携带病原菌）和次生感染（其他种子或幼苗蔓延而被感染）。

（31）50％规则　如果整个子叶组织或初生叶有一半或一半以上的面积具有功能，则这种幼苗可列为正常幼苗；如果一半以上的组织不具备功能，如缺失、坏死、变色或腐烂，则为不正常幼苗。当从子叶着生点到下胚轴有损伤和腐烂的迹象时，这时不能采用"50％规则"。当初生叶形状正常，只是叶片面积较小时，则不能应用"50％规则"。

（32）顶芽　由数片分化程度不同的叶片所包裹着的幼苗顶端。

二、幼苗鉴定总则

在检查发芽种子数时，正确鉴定幼苗是一个十分重要的问题，直接关系到试验结果的正确性，因为计算发芽时仅将正常幼苗（即具有正常主要构造的幼苗或轻微损伤的幼苗）作为已发芽种子。因此在计算发芽种子数时，必须将正常幼苗和不正常幼苗鉴别开来。为了幼苗鉴定的一致性，必须有一个统一的幼苗鉴定标准。

（一）正常幼苗鉴定标准

正常幼苗是指生长在适宜的土壤、温度、水分和光照条件下具有生长和发育成正常植株能力的幼苗。正常幼苗分为完整幼苗、带有轻微缺陷的幼苗和次生感染的幼苗三类。

凡符合下列类型之一者为正常幼苗。

1. 完整幼苗

幼苗主要构造生长良好、完全、匀称和健康。因种不同，应具有下列一些构造：

（1）发育良好的根系　其组成如下：

①细长的初生根，通常长满根毛，末端细尖。

②在规定试验时期内产生的次生根。

③在燕麦属、大麦属、黑麦属、小麦属和小黑麦属中，由数条种子根代替一条初生根。

（2）发育良好的幼苗中轴其组成如下：

①出土型发芽的幼苗，应具有一个直立、细长并有伸长能力的下胚轴。

②留土型发芽的幼苗，应具有一个发育良好的上胚轴。

③在有些出土型发芽的一些属（如菜豆属、花生属）中，应同时具有伸长的上胚轴和下胚轴。

④在禾本科的一些属（如玉米属、高粱属）中，应具有伸长的中胚轴。

（3）具有特定数目的子叶　单子叶植物具有 1 片子叶，子叶为绿色和呈圆管状（葱属），或变形而全部或部分遗留在种子内（如石刁柏、禾本科）。

双子叶植物具有 2 片子叶，在出土型发芽的幼苗中，子叶为绿色，展开呈叶状；在留土型发芽的幼苗中，子叶为半球形和肉质状，并保留在种皮内。

（4）具有展开、绿色的初生叶　在互生叶幼苗中有 1 片初生叶，有时先发生少数鳞状叶，如豌豆属、石刁柏属、巢菜属。在对生叶幼苗中有两片初生叶，如菜豆属。

（5）具有一个顶芽或苗端　禾本科作物在禾本科植物中有一个发育良好、直立的芽鞘，其中包着一片绿叶延伸到顶端，最后从芽鞘中伸出。

2. 带有轻微缺陷的幼苗

幼苗主要构造出现某种轻微缺陷，但在其他方面能均衡生长，并与同一试验中的完整幼苗相当。

（1）初生根

①局部损伤或生长稍迟缓。

②有缺陷但次生根发育良好，特别是豆科中一些大粒种子的属（如菜豆属、豌豆属、巢菜属、花生属、豇豆属和扁豆属）、禾本科中的一些属（如玉米属、高粱属和稻属）、葫芦科所有属（如甜瓜属、南瓜属和西瓜属）和锦葵科所有属（如棉属）。

③燕麦属、大麦属、黑麦属、小麦属和小黑麦属中只有一条强壮的种子根。

（2）下胚轴、上胚轴或中胚轴　局部损伤。

（3）子叶（采用"50％规则"）

①子叶局部损伤，但子叶组织总面积的 1/2 或 1/2 以上仍保持着正常的功能，并且幼苗顶端或其周围组织没有明显的损伤或腐烂。

②双子叶植物仅有一片正常子叶，但其幼苗顶端或其周围组织没有明显的损伤或腐烂。

（4）初生叶

①初生叶局部损伤，但其组织总面积的 1/2 或 1/2 以上仍保持着正常的功能（采用"50％规则"）。

②顶芽没有明显的损伤或腐烂，有一片正常的初生叶，如菜豆属。

③菜豆属的初生叶形状正常，大于正常大小的 1/4。

④具有 3 片初生叶而不是 2 片，如菜豆属（采用"50％规则"）。

（5）芽鞘

①芽鞘局部损伤。

②芽鞘从顶端开裂，但其裂缝长度不超过芽鞘的1/3。

③受内外稃或果皮的阻挡，芽鞘轻度扭曲或形成环状。

④芽鞘内的绿叶，没有延伸到芽鞘顶端，但至少要达到芽鞘的一半。

3. 次生感染的幼苗

由真菌或细菌感染引起，使幼苗主要构造发病和腐烂，但有证据表明病源不来自种子本身。

（二）不正常幼苗鉴定标准

不正常幼苗分为受损伤的幼苗、畸形或不匀称的幼苗和腐烂幼苗3种类型。

（1）受损伤的幼苗　由机械处理、加热干燥、冻害、化学处理、昆虫损害等外部因素引起，使幼苗构造残缺不全或受到严重损伤，以至于不能均衡生长的幼苗。

（2）畸形或不匀称的幼苗　由于内部因素引起生理紊乱，幼苗生长细弱，或存在生理障碍，或主要构造畸形，或不匀称的幼苗。

（3）腐烂的幼苗　由初生感染（病源来自种子本身）引起，使幼苗主要构造发病和腐烂，并妨碍其正常生长的幼苗。

在实际应用中，不正常幼苗只占少数，所以关键是要能够鉴别不正常幼苗，凡幼苗带有下列一种或一种以上的缺陷则列为不正常幼苗。

（1）初生根残缺、短粗、停滞、缺失、破裂、从顶端开裂、缩缢、纤细、卷缩在种皮内、负向地性生长、水肿状、由初生感染所引起的腐烂；种子没有或仅有一条生长力弱的种子根。

注意：次生根或种子根带有上述一种或数种缺陷者列为不正常幼苗，但是对具有数条次生根或至少具有一条强壮种子根的幼苗应列入正常幼苗。

（2）下胚轴、中胚轴或上胚轴缩短而变粗、深度横裂或破裂、纵向裂缝（开裂）、缺失、缩缢、严重扭曲、过度弯曲、形成环状或螺旋形、纤细、水肿状、由初生感染所引起的腐烂。

（3）子叶（采用"50%规则"）

①除葱属外所有属的子叶缺陷：肿胀卷曲、畸形、断裂或其他损伤、分离或缺失、变色、坏死、水肿状、由初生感染所引起的腐烂。

注意：在子叶与苗轴着生点或与苗端附近处发生损伤或腐烂的幼苗就列入不正常幼苗，这时不考虑"50%规则"。

②葱属子叶的特定缺陷：缩短而变粗、缩缢、过度弯曲、形成环状或螺旋形、无明显的"膝"、纤细。

（4）初生叶（采用"50%规则"）畸形、变色、损伤、缺失、坏死、由初生感染所引起的腐烂；虽形状正常，但小于正常叶片大小的1/4。

（5）顶芽及周围组织畸形、损伤、缺失、由初生感染所引起的腐烂。

注意：假如顶芽有缺陷或缺失，即使有一个或两个已发育的腋芽（如菜豆属）或幼梢（如豌豆属），也列为不正常幼苗。

（6）胚芽鞘和第一片叶（禾本科）

胚芽鞘：胚芽鞘畸形、损伤、缺失、顶端损伤或缺失、严重过度弯曲、形成环状或螺旋形、严重扭曲、裂缝长度超过从顶端量起的 1/3、基部开裂、纤细、由初生感染所引起的腐烂。

第一叶:第一叶延伸长度不到胚芽鞘的一半、缺失、撕裂或其他畸形。

(7)整个幼苗畸形、断裂、子叶比根先长出、两株幼苗连在一起、黄化或白化、纤细、水肿状、由初生感染所引起的腐烂。

小结

种子发芽试验是测定种子的发芽能力,可以用发芽率和发芽势来表示,用以评价种子批的种用价值,是种子质量的重要指标之一。通过标准种子发芽试验以及幼苗鉴定,可以使发芽结果具有可比性。

思考题

1. 试述种子发芽率和生活力之间的关系。
2. 试述种子发芽试验前的准备工作。
3. 发芽床主要有哪几种类型? 简述其主要特点。
4. 简述正常幼苗、不正常幼苗和不发芽种子的概念及其主要类型。

第六章　种子生活力测定
原理和方法

知识目标
- ◆ 明确种子生活力的含义和测定意义。
- ◆ 了解多种种子生活力测定方法。

能力目标
- ◆ 掌握种子生活力四唑测定方法。

第一节　种子生活力的概念和测定意义

一、种子生活力的概念

种子生活力是种子发芽的潜在能力或种胚具有的生命力。种子生活力和发芽具有不同的含义。一些休眠种子在发芽试验中不能发芽,但它不是死种子而是有生活力的,当破除休眠后,能长成正常幼苗。而生活力反映的是种子发芽率和休眠种子百分率的总和。所以,种子生活力测定能提供给种子使用者和生产者重要的质量信息,反映的是种子批的最大发芽潜力。

二、种子生活力测定的意义

1. 可以测定休眠种子的生活力

新收的或在低温贮藏处于休眠状态的种子,采用标准发芽试验,即使供给适宜的发芽条件仍不能良好发芽或发芽力很低,在这种情况下,仅用发芽试验测定其发芽率,就不可能测出种子的最高发芽率,而必须进一步测定其生活力,以了解种子潜在发芽能力,合理利用种子。播种之前对发芽率低而生活力高的种子,应进行适当处理后播种。对那些发芽率低和生活力也低的种子,就不能作为种用。实际上,如果发芽试验末期发现有新鲜不发芽的种子或硬实,就应接着进行生活力测定,将种子进行适当的破除休眠处理,然后做发芽试验。

2. 可以快速预测种子的发芽能力

休眠种子可借助于各种预处理打破休眠,进行发芽试验,但时间较长;而种子贸易中,常因时间紧迫,不可能采用正规的发芽试验来测定发芽力,这是因为发芽试验所需的时间更长。标准发芽试验规定,麦类需 7～8 d,水稻需 14 d,某些蔬菜和牧草种子需 2～3 周,尤其在收获和播种间隔时间短的情况下,发芽试验会耽搁农时,这时,可用生物化学速测法测定种子生活力作为参考,而林木种子可用生活力来代替发芽力。

第二节　种子生活力四唑染色测定

种子生活力测定国内外最常用的方法是四唑测定法,最常用的试剂是 2,3,5-三苯基氯化四氮唑,简称四唑。在种子组织活细胞内脱氢酶的作用下,无色的三苯基氯化四氮唑,接收活种子代谢过程中呼吸链上的氢,在活细胞里变成还原态的红色、稳定、不扩散的三苯基甲腊。可根据四唑染成的颜色和部位,区分种子红色的有生活力部分和无色的死亡部分。

四唑测定是一种世界公认、广泛应用、实用方便、省时快速、结果可靠的种子生活力检验方法。具有以下几个特点:

①原理可靠,结果准确。四唑测定主要是按胚的主要解剖构造的染色图形来判断种子的死与活,并且该测定技术已发展成熟。经世界许多种子科学家用标准发芽与四唑测定的对比试验表明,如能正确使用四唑测定方法,四唑测定结果与发芽率误差一般不会超过3％～5％。

②不受休眠限制。四唑测定不像发芽试验那样通过培养,依据幼苗生长的正常与否来估算发芽率,而是利用种子内部存在的还原反应显色来判断种子的死活,不受休眠的影响。

③方法简便、省时快速。所需仪器设备和物品较少,并且测定方法也较为简便,一般只需 6～24 h,就能获得结果。

④成本低廉。

当然,四唑测定也有其缺陷,如对种子检验员经验和技能要求较高;结果不能提供休眠的程度;处理种子不会像发芽试验能反映药害情况。

一、试剂的配制

四唑为白色或淡黄色粉末,易溶于水,有氧化性,见光易被还原变成红色,常用棕色瓶包装,并裹上黑纸。同样,配好的溶液也应贮存于棕色瓶中,避光保存,一般可保持数月的有效期。如存放在冰箱里,则可保存更长时间。当发现溶液变红,则不能使用。

1. 四唑溶液

四唑染色通常使用浓度为 0.1％～1.0％的四唑溶液,一般来说,切开胚的种子可用 0.1％～0.5％的四唑溶液;整个胚、整粒种子或斜切、横切或穿刺的种子需用 1.0％的四唑溶液。

四唑溶液的配制方法:称取 1 g 四唑粉剂溶解于 100 mL 磷酸缓冲液中,即配成 1.0％的溶液;或者称取 0.1 g 四唑粉剂溶解于 100 mL 磷酸缓冲液中,即配成 0.1％的四唑溶液。

2. 磷酸缓冲液

为了保证四唑染色的效果,要求四唑溶液的 pH 必须为 6.5～7.5。当四唑溶液的 pH 不在这一范围时,建议采用磷酸缓冲液来配制。

其配制方法:首先配两种母液。母液Ⅰ:称取 9.078 g KH_2PO_4 溶解于 1 000 mL 的蒸馏水中;母液Ⅱ:称取 9.472 g Na_2HPO_4 或 11.876 g $Na_2HPO_4 \cdot 2H_2O$ 于 1 000 mL 的蒸馏水之中。然后取母液Ⅰ2 份和母液Ⅱ3 份混合即成。

缓冲液的配制,也可用北美《官方种子检验规程》所规定的方法:在 1 000 mL 的蒸馏水中加入 5.45 g Na_2HPO_4 和 3.79 g NaH_2PO_4 充分溶解混合而成。

3. 乳酸苯酚透明液

采用乳酸苯酚透明液处理,使经四唑染色后的小粒豆类和牧草种子种皮、稃壳或胚乳变为透明,便于透过这些部分清楚地观察其胚主要构造的染色情况。

乳酸苯酚透明液配法:取 20 mL 乳酸、20 mL 苯酚(若苯酚是结晶形式则需溶化为液体)、40 mL 甘油和 20 mL 水混合而成。该药液有毒性,在使用时谨防触及皮肤或衣服等,配制时最好戴好橡胶薄膜手套,并在通风橱里操作。

二、四唑测定程序

四唑测定的主要仪器设备与发芽试验设备相同,如电热恒温箱或发芽箱、冰箱。

四唑测定需配备的小器具有:种子切割工具如解剖刀或刀片、小针、切割垫板等;种子预湿需要纸、毛巾、烧杯等器具;染色时,要准备有盖的不同规格的染色盘、棕色加液器、镊子、吸管等;观察器具如体视显微镜或放大镜;以及保护器具如手套、眼睛保护镜、废液处理容器等。

(一)试验样品的数取

生活力测定的试验样品来源必须是净种子。净种子可以从净度分析后的净种子中随机数取,也可以从送验样品中直接随机数取。一般随机数取 100 粒种子,2~4 个重复或少于 100 粒的若干副重复。如果是测定发芽末期休眠种子的生活力,则可单用试验末期的休眠种子。委托检验可以直接从经充分混合的种子样品中随机数取种子。

(二)种子预处理

在正式测定前,对所测种子样品需经过预处理(预措预湿),其主要目的是使种子加快和充分吸湿,软化种皮,方便样品准备和促进活组织酶系统的活化,以提高染色的均匀度、鉴定的可靠性和正确性。因为种子吸湿后,使得切开、针挑种皮或扯开营养组织变得容易,而干种子则操作困难,切开时容易切破且切面存在破碎粉块,并且由于活细胞内的酶尚未活化,染色效果不良。尤其是健康的活组织与衰弱的活组织之间的染色差异不够明显。因此,预措预湿对正确测定是很重要的,一般情况下是必不可少的。

预湿是四唑染色测定的必要步骤。预湿方法目前常用的有缓慢润湿和水中浸渍 2 种方法。

1. 缓慢润湿

缓慢润湿是按种子发芽试验所采用方法,将种子放在纸床上或纸巾间,让其缓慢吸湿。该法适用于那些直接浸在水中容易破裂和损伤的种子,以及已经劣变的种子或过分干燥的种子。缓慢润湿能比较好地解决吸湿和供氧的矛盾,水分以气体形式扩散进入胚组织,缓慢地使其组织扩大，不至于因为组织的压力而导致组织损伤。有些种子也可先进行缓慢吸湿，待胚组织变为柔软后，再放入水中进一步吸胀，以加快吸水速度。

2. 水中浸渍

水中浸渍是将种子完全浸入水中，种子吸水快、均匀，并可缩短预湿时间。该法适用于种子直接浸入水中不会造成组织破裂损伤，并不会影响鉴定结果的种子种类。浸种温度一般采用 20～30℃水温。有时为了加快种子吸水，温季作物种子也可用 40～45℃水温浸渍。应特别注意，如果浸种温度过高或浸种时间过长会引起种子劣变，造成人为的水浸损伤，从而影响鉴定结果。

预措是指在种子预湿前除去种子的外部附属物和在种子非要害部位弄破种皮，如水稻种子需脱去内外稃壳，豆科硬实种子刺破种皮等，但须注意，预措不能损伤种子内部胚的主要构造。绝大多数种子不须进行预措处理，但有一些种子在预湿前要进行预措处理。不同作物种子的预措预湿可参见表 6-1。

(三)样品准备

大多数种子在染色前必须采用适当的方法使胚的主要构造和活的营养组织暴露出来，以利于四唑溶液快速和充分渗入种子的全部活组织，加快染色反应和正确鉴定胚的主要构造。

样品准备方法主要取决于种子构造和胚的位置，图 6-1 表明种子染色前准备工作中不同切法的部位，常用的准备方法有如下几种：

1. 不需样品准备

种皮渗水性良好的豆类种子，在四唑溶液里染色时，就能随着四唑溶液的渗入而吸胀，并在染色后剥去种皮就可正确鉴定，这类种子不需样品准备。

2. 沿胚纵切

对于禾本科具有直立胚的大粒种子，如玉米、麦类和水稻等种子。样品准备方法是通过胚中轴和胚乳，纵向切开胚和大部分胚乳，使胚的主要构造暴露出来用于染色。

3. 近胚纵切

对于伞形科具有直立胚的种子，样品准备方法是在靠近胚的旁边，纵向切去一边胚乳，保持着胚的大半粒种子用于染色。

4. 上半粒纵切

对于莴苣和菊科其他种具有直立胚的种子，样品准备方法是通过种子上部 2/3 处纵向切开，但不能切到胚轴。

5. 斜切种子

对于菊科、十字花科和蔷薇科的胚中轴在种子基部的种子，如棉花、菊苣、山毛榉等。样品准备方法是从种子的上部中央、下部偏离胚处斜向切入，并将上部大部分切开，以便四唑溶液渗入染色。

6. 剥去种皮

对于锦葵科(如棉花等)、旋花科(如牵牛花等)种皮较厚且颜色深的种子，样品准备方法是用刀具将预湿后的整个种皮剥去。

表 6-1 农作物种子四唑染色技术规定

种名		预湿方式及时间	染色前的准备	35℃染色		鉴定前的处理	有生活力种子容许不染色、较弱或坏死色的最大面积	备注
中文名	学名			浓度/%	时间/h			
小麦 大麦 黑麦	Triticum aestivum L. Hordeum vulgare L. Secale cereale L	纸间或水中：30℃恒温水浸种3~4 h，或纸间12 h	a. 纵切胚和3/4胚乳。b. 分离带盾片的胚。	0.1	0.5~1	a. 观察切面。b. 观察胚和盾片。	a. 盾片上下任一端1/3不染色。b. 胚根大部分不染色，但不定根原始体必须染色。	盾片中央有不染色组织，表明受到热损伤。
普通燕麦 裸燕麦	Avena sativa L. Avena nuda L.	同上	a. 除去稃壳，纵切胚和3/4胚乳。b. 在胚部附近横切。	0.1	同上	a. 观察切面，纵切胚。b. 沿胚纵切。	同上	同上
玉米	Zea mays L.	同上	纵切胚和大部分胚乳。	0.1	同上	观察切面。	胚根；盾片上下任一端1/3不染色。	同上
黍 粟	Panicum miliaceum L. Setaria italica Beauv.	同上	a. 在胚部附近纵切。b. 沿胚尖端纵切1/2。	0.1	同上	切开或撕开，使胚露出。	胚根；盾片上下任一端1/3不染色。	同上
高粱	Sorghum bicolor (L.) Moench	同上	纵切胚和大部分胚乳。	0.1	同上	观察切面。	a. 胚根顶端2/3不染色。b. 盾片上下任一端1/3不染色。	
水稻	Oryza L.	纸间或水中：12 h	纵切胚和3/4胚乳。	0.1	同上	观察切面。	胚根顶端2/3不染色。	必要时可除去内外稃。

续表 6-1

种名 中文名	学名	预湿方式及时间	染色前的准备	35℃染色 浓度/%	35℃染色 时间/h	鉴定前的处理	有生活力种子容许不染色、较弱或坏死的最大面积	备注
甜荞 苦荞	Fagopyrum esculentum Moench Fagopyrum tataricum(L.) Gaertn.	纸间或水中：30℃恒温水中3~4 h,纸间12 h	沿瘦果近中线纵切。	1.0	3~4	观察切面。	a. 胚根顶端1/3不染色。 b. 子叶表面有小范围的坏死。	
棉花	Gossypium spp.	纸间：12 h	a. 纵切1/2种子。 b. 切去部分种皮。 c. 去掉胚乳遗迹。	0.5	2~3	纵切。	a. 胚根顶端1/3不染色。 b. 子叶表面有小范围的坏死或子叶顶端1/3不染色。	
菜豆 豌豆 绿豆 花生 大豆 豇豆 扁豆 蚕豆	Phaseolus vulgaris L. Pisum sativum L. Vigna radiata(L.) Wilczek Arachis hypogaea L. Glycine mac(L.) Merr. Vigna unguiculata Walp. Dolichos lablab L. Vicia faba L.	纸间：6~8 h	无须准备	1.0	3~4	切开或除去种皮,掰开子叶,露出胚芽。	a. 胚根顶端不染色,花生为1/3,蚕豆为2/3,其他种为1/2。 b. 子叶顶端不染色,花生为1/4,蚕豆为1/3,其他为1/2。 c. 除蚕豆外,胚芽顶部不染色1/4。	有硬实应划破种皮。

续表6-1

种名		预湿方式及时间	染色前的准备	35℃染色		鉴定前的处理	有生活力种子容许不染色、较弱或坏死的最大面积	备注
中文名	学名			浓度/%	时间/h			
南瓜	*Cucurbita moschata* Duchesne ex Poiinet	纸间或水中在 20~30℃ 水中浸 6~8 h 或纸间 24 h	a. 纵切 1/2 种子。 b. 剥去种皮。 c. 西瓜用干燥或纸摩擦，除去表面黏液。	1.0	2~3，但甜瓜 1~2	除去种皮和内膜。	a. 胚根顶端不染色 1/2。 b. 子叶顶端不染色 1/2。	
丝瓜	*Luffa* spp.							
黄瓜	*Cucumis sativus* L.							
西瓜	*Citrullus lanatus* Masum. et Nakai							
冬瓜	*Benincase hispida* Cogn.							
苦瓜	*Momordica charantia* L.							
甜瓜	*Cucumis melo* L.							
瓠瓜	*Lagenaria siceraria* Stand.							
白菜型油菜	*Brassica campestris* L.	纸间或水中 30℃ 温水中浸种 3~4 h 或纸间 5~6 h	a. 剥去种皮。 b. 切去部分种皮。	1.0	2~4	a. 纵切种子使胚中轴露出。 b. 切去部分种皮使胚中轴露出。	a. 胚根顶端 1/3 不染色。 b. 子叶顶端有部分坏死。	
不结球白菜	*Brassica campestris* L. ssp. *chinensis* (L.) Makino							
结球白菜	*Brassica campestri* L. ssp. *pekinensis* (Lour.) Olsson							
甘蓝型油菜	*Brassica napus* L.							
甘蓝	*Brassica oleracea* var. *capitata* L.							
花椰菜	*Brassica oleracea* L. var. *botruytis* L.							
萝卜	*Raphanus sativus* L.							
芥菜	*Brassica juncea* Coss.							

续表 6-1

种名		预湿方式及时间	染色前的准备	35℃染色 浓度/%	35℃染色 时间/h	鉴定前的处理	有生活力种子容许不染色、较弱或坏死的最大面积	备注
中文名	学名							
葱属(洋葱、韭菜、韭葱、细香葱)	Allium spp.	纸间:12 h	a. 沿扁平面纵切，但不完全切开，基部相连。 b. 切去子叶两端，但不损伤胚根及子叶。	0.2	0.5 ~ 1.5	a. 扯开切口，露出胚。 b. 切去一薄层胚乳，使胚露出。	a. 种胚和胚乳完全染色。 b. 不与胚相连的胚乳有少量不染色。	
辣椒 甜椒 茄子 番茄	Capsicum frutescens L. Capsicum frutescens var. grossum Solanum melongena Lycopersicon esculentum Mill.	纸间水中:在20~30℃水中3~4 h，或纸间12 h	a. 在种子中心刺破种皮和胚乳。 b. 切去种子末端，包括一小部分子叶。	0.2	0.5 ~ 1.5	a. 撕开胚乳使胚露出。 b. 纵切种子使胚露出。	胚和胚乳全部染色。	
芫荽 芹菜 胡萝卜 茴香	Coriandrum sativum L. Apium graveolens L. Daucus carota L. Foeniculum vulgare Mill.	水中:在20~30℃水中3 h	a. 纵切种子一半，并撕开胚乳，使胚露出。 b. 切去种子末端1/4或1/3。	0.1 ~ 0.5	6~24	a. 进一步撕开切口，使胚露出。 b. 纵切种子露出胚和胚乳。	胚和胚乳全部染色。	
苜蓿属 草木樨属 紫云英	Medicago ssp. Melilotus ssp. Astragalus sinicus L.	水中:22 h	无须准备	0.5 ~ 1.0	6 ~ 24	除去种皮使胚露出。	a. 胚根顶端1/3不染色。 b. 子叶顶端1/3，如在表面可1/2不染色。	

续表 6-1

种名 中文名	种名 学名	预湿方式及时间	染色前的准备	35℃染色 浓度/%	35℃染色 时间/h	鉴定前的处理	有生活力种子容许不染色、较弱或坏死的最大面积	备注
莴苣 茼蒿	Lactuca sativa L. Chrysanthemum coronarium var. spatisum	水中:在30℃水中浸2~4 h	a. 纵切种子上半部(非胚根端)。 b. 切去种子末端包括一部分子叶。	0.2	2~3	a. 切去种皮使子叶露出。 b. 切开种子末端轻轻挤压,使胚露出。	a. 胚根顶端1/3不染色。 b. 子叶顶端1/2表面不染色,或1/3表面弥漫性不染色。	
向日葵	Helianthus annuus L.	水中:3~4 h	纵切种子上半部或除去果壳。	1.0	3~4	除去果壳。	a. 胚根顶端1/3不染色。 b. 子叶顶端表面1/2不染色。	
甜菜	Beta vulgaris L.	水中:18 h	a. 除去盖着种胚的帽状物。 b. 沿胚与胚乳之界线切开。	0.1~0.5	24~48	扯开切口,使胚露出。	a. 胚根顶端1/3不染色。 b. 子叶顶端1/3不染色。	
菠菜	Spinacia oleracea L.	水中:3~4 h	a. 在胚与胚乳之边界刺破种皮。 b. 在胚根与子叶之间横切。	0.2~1.5	0.5~1.5	a. 纵切种子,使胚露出。 b. 掰开切口,使胚露出。	同上	

引自 GB/T 3543—1995《农作物种子检验规程》。

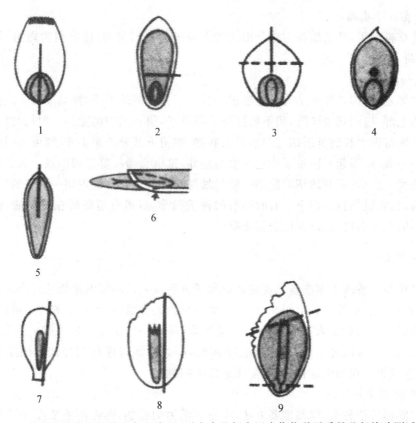

图 6-1 一些常见作物种子的准备示意图(引自农业部全国农作物种子质量监督检验测试中心
《农作物种子检验员考核学习读本》,2006)

1. 禾谷类和禾本科牧草种子通过胚和约在胚乳 3/4 处纵切 2. 燕麦属和禾本科牧草种子靠近胚部横切
3. 禾本科牧草种子通过胚乳末端部分横切和纵切 4. 禾本科牧草种子刺穿胚乳 5. 通过子叶末端
一半纵切,如莴苣属和菊科中的其他属 6. 上述第 5 种方式进行纵切时的解剖刀部位 7. 沿胚的
旁边纵切(伞形科中的种和其他具有直立胚的种) 8. 针叶树种子沿胚旁边纵切
9. 在两端横切,打开胚腔,并切去小部分胚乳(配子体组织)

7. 横切胚轴和盾片

对于禾本科的中粒种子,如燕麦等。样品准备方法是在种子预湿后用单面刀片横向切去
胚的上部,从切面露出胚轴、胚根和盾片等。燕麦种子通常包有稃壳,这种切法较为方便。

8. 平切果种皮和胚乳,暴露出胚的构造

对于一些蔬菜等农作物种子,胚为螺旋形平卧在胚乳中,如洋葱、甜菜、菠菜等种子。是从
扁平方向削去上面一片种皮和胚乳,使整个胚的轮廓暴露出来,以便染色和鉴定。

9. 穿刺或切开胚乳

对于小粒牧草如小糠草、早熟禾等种子,种子很小,通常采用针刺胚乳法,以打开四唑溶液
渗入胚的通道。其方法是将已预湿的种子连同吸水纸一起移到工作台上,打开反射灯光,左手
持 3～5 倍小放大镜,右手握住细针,针头对准胚乳中心,约离胚 1 mm 处扎下,穿刺胚乳,然后
将已针刺的种子放入四唑溶液染色。梯牧草种子可用单面刀片一头,从其中部半边切入,切出
一个缝口,以利四唑溶液的渗入。

10. 切去种子基端

对于茜草科种子,样品准备方法是横向切去种子的基部尖端,使胚根尖露出,但不要切开种皮,保持两个胚连在一起。

11. 横切胚乳

对于如黑麦草、鸭茅和羊茅等直立胚很小且位于其基部的种子,样品准备方法是在大约离胚 1 mm 的上部,横向切去胚乳,留下带胚的下部种子,供作四唑测定用。但切时应十分注意,带胚一端不能留得太长而延缓四唑溶液渗入胚部,如留下部分长短不齐,则可能引起四唑溶液渗入时间不一致,而引起不同种子染色程度的差异,这就会增加鉴定的困难。为了掌握好横切后留下的长度一致(即离胚的切面距离一致),最好先用低倍放大镜观察一下胚的位置,并将有胚一端朝前,再在适当位置切下。有时因有的种子很小,更难分清胚所在的一端,就必须用放大镜看清胚的位置后再切,以保证横切正确。

(四)四唑染色

将经过样品准备或不需准备的规定数量种子分别放入四唑溶液里染色。小粒种子可用直径 6 cm 培养皿,大、中粒种子可用 9 cm 培养皿或更大的容器,特别细小的种子可包在滤纸内,分别放入容器里。然后加入适宜浓度的四唑溶液,移置一定温度的恒温箱内进行染色反应。四唑溶液必须完全淹没种子,溶液不能直接露光,因为光线可能使四唑盐类还原而降低其浓度,影响染色效果。在染色过程中,还需注意以下问题:

1. 染色的温度与时间

染色时间因种子种类、样品准备方法、本身生活力的强弱、四唑溶液浓度、pH 和温度等因素的不同而有差异。其中特别是温度影响为最大,在 20～45℃,温度每增加 5℃,其染色时间可减少一半。染色时间可按需要在 20～45℃ 加以适当选择,一般选择 35℃。种子的健壮、衰弱和死亡不同的组织,其染色的快慢也是不同的。一般来说,衰弱组织四唑溶液渗入较快,染色也较快;健壮组织酶的活性强,染色明显。为了使这些不同等级的组织均能达到良好的染色程度,以便于鉴别,有时可根据样品的实际情况,适当调整染色时间。染色时间与四唑溶液浓度有关,随着四唑溶液浓度的增加,染色反应所需时间也随之缩短。具体参数可参见表 6-1,需要注意的是,该表所列入的染色时间仅是建议时间,这些最适宜的染色时间不是绝对的。

如果已到规定染色时间,但样品的染色仍不够充分,这时可适当延长染色时间,以便证实染色不够充分是由于四唑溶液渗入缓慢所引起,还是由于种子本身的缺陷所引起的。但必须注意,染色温度过高或染色时间过长,也会引起种子组织的劣变,从而掩盖了由于遭受冻害、热伤和本身衰弱而呈现不同颜色或异常的情况。有些种子要求在各重复中加入微量的杀菌剂或抗生素(如 0.01% 浓度的 115 防护剂或抗生素),以避免在染色过程产生带有黑色沉淀物的多泡沫溶液。

2. 暂停染色

有时因为没有时间按时进行鉴定,那么可在可能接受的时间范围内,将正在进行染色的样品移到低温或冰冻条件下,以中止或延缓染色反应进程,这时仍需将种子样品保持在原来的染色溶液里。对于已达到染色时间的样品应保持在清水中或湿润条件下,对于在 1 h 内要鉴定的染色样品,最好先倒去染色溶液和冲洗后,保持在低温清水中或湿润状态,以及弱光或黑暗条件下,以待鉴定。

3. 染色失调

在适宜的染色时间内,染色溶液变为混浊,并出现泡沫或粉红色的沉淀,可能是由于以下一种或几种原因所引起的:①在测定样品中含有死亡、衰弱、热伤、冻害或机械损伤的种子。②测定样品的胚和营养组织在预湿前已在水中或四唑溶液里浸过。③染色溶液温度过高而引起种子组织(特别是衰弱组织)的严重劣变,导致外溢物增加和微生物的活动。

(五)鉴定前处理

染色后鉴定前,为了确保鉴定结果的正确性,还应将已染色的种子样品,加以适当的处理,再进一步使胚的主要构造和活的营养组织明显地暴露出来,以便观察鉴定。

1. 不需处理,直接观察

适用于染色前已进行样品准备的整个胚、摘出的胚中轴、纵切或横切的胚等样品。因为这些种子胚的主要构造已暴露在外面,所以不需附加处理,就可直接观察鉴定。

2. 轻压出胚,观察鉴定

适用于样品准备时仅切去种子的一部分,胚的大部分仍留在营养组织内的样品。在鉴定前需用解剖针在种子上稍加压力,使胚向切口滑出,以便观察。

3. 扯开营养组织,暴露出胚

适用于染色前样品准备时仅撕去种皮或仅切去部分营养组织的样品。其方法是扯去遮盖住胚的营养组织或弄掉切口表面的营养组织,使胚的主要构造完全暴露出来,以便鉴定。

4. 切去一层营养组织,暴露出胚和活营养组织

适用于样品准备时仅切去或切开种子上半粒或基部的种子样品。因为这些种子的胚仍被营养组织所包围,所以需在适当的位置切去一层适宜厚度的营养组织,才能看清胚和活营养染色情况。

5. 沿胚中轴纵切,暴露胚的构造

适用于样品未准备的种子,如有些豆类种子。

6. 沿种子中线纵切,暴露出胚和活营养组织

适用于样品准备时,仅除去种子外面构造,或仅切去基部的种子,如五加科等种子。

7. 剥去半透明的种皮或种子组织,暴露出胚

适用于四唑染色前样品未加准备或仅切去基部的种子,如大豆、豌豆等种子。

8. 切去切面碎片或掰开子叶,暴露出胚

适用于切得不好或有些豆科双子叶种子。如鉴定前发现胚中轴被若干切面碎片所遮盖,以致难以正确鉴定,则需切去一层子叶,或者为了可靠观察子叶之间胚中轴的染色情况,则需掰开子叶。

9. 剥去种皮和残余营养组织,暴露出胚

适用于样品准备时仅切去种子一部分的样品。如红花种子在样品准备时,仅切去种子的上部,仍有种皮和残余营养组织包着胚,只有除去这些部分,才能暴露出胚的主要构造。

10. 乳酸苯酚透明液的应用

在四唑染色反应达到适宜时间后,小粒种子用载玻片挡住培养皿口的一边,留下一条狭缝,让其只能沥出四唑溶液,注意不能倒出种子。万一不小心,跑出几粒种子,则可用小吸管吸回种子。对于更细小的种子(如小糠草)等,则可用管口比这种种子小的吸管吸去四唑溶液,这

样就不会吸进种子而仅吸去溶液。然后用吸水纸吸干残余的溶液,并把种子集中在培养皿中心凹陷处为一堆,再加入 2～4 滴乳酸苯酚透明液,适当摇晃,使其与种子充分接触,马上移入 38℃恒温箱保持 30～60 min,经清水漂洗或直接观察。这种方法可使果种皮、稃壳或胚乳变为透明,可清楚地鉴定胚的主要构造的染色情况。

(六)观察鉴定

经染色和处理后,进行观察鉴定。测定结果的可靠性取决于检验人员对染色组织和部位的正确识别、工作经验和判断能力等综合运用能力。为了避免判断的错误,检验人员应按鉴定标准,认真观察,确保鉴定结果的正确性。

一般鉴定原则是,凡是胚的主要构造及有关活营养组织染成有光泽的鲜红色,且组织状态正常的,为有生活力种子。凡是胚的主要构造局部不染色或染成异常的颜色和光泽,并且活营养组织不染色部分已超过 1/2,或超过容许范围,以及组织软化的,完全不染色或染成无光泽的淡红色或灰白色,且组织已软化腐烂或异常、虫蛀、损伤的均为无生活力种子。

在鉴定时,可借助于放大器具进行观察鉴别。大、中粒种子可直接用肉眼或 5～7 倍放大镜进行观察鉴定。对小粒种子最好利用 10～100 倍体视显微镜进行仔细观察鉴定,在观察时,先打开反射灯光或侧射灯光,开始用低倍(10 倍)观察,大致将正常染色种子,每 10 粒放成一堆,而将异常染色及有怀疑的种子放在一起,然后再用 30～40 倍物镜进行仔细观察核实,最后正确计数有生活力的种子。每种作物种子的具体鉴定标准参照表 6-1。

为了确切掌握四唑染色样品的鉴定技术,这里介绍玉米和棉花种子的鉴定图谱供参考,见图 6-2 和图 6-3。

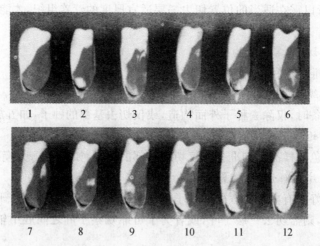

图 6-2　玉米种子四唑染色图谱(引自《农作物种子检验员考核学习读本》,2006)

1. 有生活力—胚全染成深红色　2. 有生活力—仅盾片两端少部不染色　3. 有生活力—仅盾片先端及胚芽鞘先端及少部不染色　4. 有生活力—胚芽鞘先端不染色　5. 有生活力—胚芽鞘先端及胚根顶端 2/3 以下不染色,种子根区染色　6. 无生活力—胚根大部不染色,已波及种子根区
7. 无生活力—胚芽全不染色　8. 无生活力—胚轴不染色　9. 无生活力—盾片与胚轴连接处不染色　10. 无生活力—盾片两端不染色部分已超过 1/2　11. 无生活力—盾片 1/2 以上不染色　12. 无生活力—胚全不染色

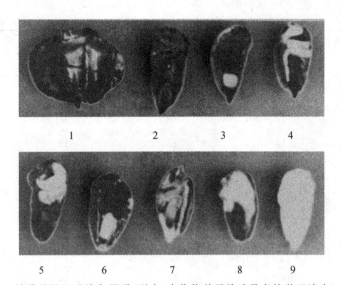

图 6-3　棉花种子四唑染色图谱（引自《农作物种子检验员考核学习读本》,2006）

1. 有生活力—染色后将子叶分开的胚可见两片子叶及胚根均染成红色　2. 有生活力—胚全染成深红色
3. 无生活力—胚根中段不染色　4. 无生活力—子叶关键部位不染色　5. 无生活力—子叶基部
不染色　6. 无生活力—胚根中部很长一段不染色　7. 无生活力—胚根先端不染色,子叶内部
大部染色很浅　8. 无生活力—子叶大部不染色　9. 无生活力—胚全不染色

三、结果报告

在测定一个样品时,应记录各个重复中有生活力的种子。重复间最大容许差距不应超过表 6-2 的规定。如未超过,平均百分率计算到最近似的整数;如超过应采用同样的方法进行重新试验。

表 6-2　同一试验 4 次重复间的最大容许差距
（2.5％显著水平的两尾测定）

平均生活力百分率/%		重复间容许的最大差距		
1	2	4 次重复	3 次重复	2 次重复
99	2	5	—	—
98	3	6	5	—
97	4	7	6	6
96	5	8	7	6
95	6	9	8	7
93~94	7~8	10	9	8
91~92	9~10	11	10	9
90	11	12	11	9

续表 6-2

平均生活力百分率/%		重复间容许的最大差距		
1	2	4 次重复	3 次重复	2 次重复
89	12	12	11	10
88	13	13	12	10
87	14	13	12	11
84～86	15～17	14	13	11
81～83	18～20	15	14	12
78～80	21～23	16	15	13
76～77	24～25	17	16	13
73～75	26～28	17	16	14
71～72	29～30	18	16	14
69～70	31～32	18	17	14
67～68	33～34	18	17	15
64～66	35～37	19	17	15
56～63	38～45	19	18	15
55	46	20	18	15
51～54	47～50	20	18	16

引自 GB/T 3543—1995《农作物种子检验规程》。

小结

种子生活力测定目前国内外主要应用四唑染色法。植物种子如果处于休眠状态,通过一般的发芽试验无法测得其发芽的能力,而通过种子生活力的测定能够知道种子发芽的潜在能力。种子生活力测定在生产实际中有重要的作用,除能了解休眠种子的生活力外,还能快速、及时掌握种子批的发芽状况,在种子贸易调种、种子收购时能及时了解种子的生活力、在种子干燥及种子处理过程中能了解对种子的影响。

思考题

1. 试述种子生活力测定的意义。
2. 简要说明四唑测定的程序。
3. 分析四唑染色不正常无生活力种子的类型及其引起的原因。

第七章　种子活力检测

知识目标

◆ 了解种子活力的概念和意义。

◆ 明确种子生活力、发芽率与种子活力的关系。

◆ 了解种子活力测定的多种方法。

能力目标

◆ 掌握加速老化法测定种子活力。

第一节　种子活力的概念和意义

一、种子活力的概念

种子活力是指决定种子和种子批在发芽、出苗期间活性强度及该种子特征的综合表现,在广泛的田间条件下,影响种子快速整齐出苗及长成正常幼苗的全部潜在能力特性的总称。

二、种子生活力、发芽率与种子活力的关系

衡量种子生理质量的有发芽力、生活力和活力3个指标,三者有密切的关系,却又有完全不同的含义。

种子生活力是指种子发芽的潜在能力或胚具有的生命力,它反映的是种子发芽率和休眠种子百分率的总和。所以种子生活力测定能提供给种子使用者和生产者重要的质量信息,反映的是种子批的最大发芽潜力。

种子发芽力是指种子在适宜条件下(检验室控制条件下)长成正常植株的能力,通常用供检样品中在规定的条件和时间内长成正常幼苗数占样品总数的百分率,即发芽率表示。

发芽率受条件限制,如水分、温度、光照、氧气。《国际种子检验规程》指出,在下列6种情况下,如果鉴定正确,生活力测定和发芽率测定的结果基本是一致的,即种子生活力和发芽率

没有明显的差异：①无休眠、无硬实或通过适宜的预处理破除休眠和硬实；②没有感染或已经过适宜的清洁处理；③在加工时未受到不利条件或贮藏期间未用有害化学药品处理；④尚未发生萌芽；⑤在正常或延长的发芽试验中未发生劣变；⑥发芽试验是在适宜的条件下进行的。但是在种子有休眠时测定的结果不一致。虽然发芽率已作为世界各国制定种子质量标准的主要指标，在种子认证和种子检验中得到广泛应用，但由于生活力测定快速，有时可用来代替来不及发芽的发芽率测定，但是最后结果还是要用发芽率作为正式的依据。

种子活力就是指高发芽率种子批间在田间表现的差异。表现良好的为高活力种子，表现差的为低活力种子。

种子活力是比发芽力更敏感的种子质量指标。由于发芽试验对测定高发芽率种子没有足够的敏感性，所以有时发芽试验结果与田间出苗和贮藏能力的相关性较差。有些种子在试验室适宜的条件下，其发芽率会比较高，而一到大田，出苗率却很低，特别是在碰到不利气候因素影响的时候出苗率就更低。

三、种子活力测定的意义

种子活力测定的目的是提供有关高发芽率种子批的田间出苗和/或贮藏表现能力的潜在信息，而这种差异往往不总是由标准发芽试验所能证实的。

(1)种子活力测定是保证田间出苗率和生产潜力的必要手段；

(2)种子活力测定是种子产业中必不可少的环节；

(3)种子活力测定是育种工作者必须采用的方法；

(4)种子活力测定是种子生理工作者研究种子劣变生理的必要方法。

第二节　种子活力测定方法

种子活力测定方法归纳起来有直接法和间接法。直接法是模拟田间不良条件，观察种子出苗能力或幼苗生长速度和健壮度。间接法是测定某些与种子活力有关的生理生化指标。归纳起来有加速老化试验、电导率测定、幼苗生长测定、幼苗评定测定、发芽速度测定、低温发芽试验、人工劣变试验等方法和技术。现主要介绍一些常用的方法。

一、加速老化试验

加速老化试验适用于多种作物。采用变温(40～50℃高温)100％相对湿度处理种子，可加速种子老化。高活力种子经老化处理后仍能正常发芽，低活力种子则产生不正常幼苗或全部死亡。

1. 准备仪器药品

老化外箱、老化内箱、0.001 g感量天平、蒸馏水、刻度容量杯、铝盒、发芽试验设备。

2. 预备试验

(1)检查老化外箱。老化外箱的温度必须经过国家标准计量院的检定或类似的温度检测。

(2)检查温度。老化外箱的温度达到表7-1所规定的温度。

表 7-1　种子老化条件

属或种名	内箱		外箱		老化后种子水分/%
	种子重量/g	数目/箱	老化温度/℃	老化时间/h	
大豆	42	1	41	72	27～30
苜蓿	3.5	1	41	72	40～44
菜豆(干)	42	1	41	72	28～30
油菜	1	1	41	72	39～44
玉米(大田)	40	2	45	72	26··29
玉米(甜)	24	1	41	72	31～35
绿豆	40	1	45	72	27～32
高粱	15	1	43	72	28～30
烟草	0.2	1	43	72	40～50
番茄	1	1	41	72	44～46
小麦	20	1	41	72	28～30

引自《农作物种子检验员考核学习读本》,2006。

(3)保证老化内箱(老化盒)的清洁度。加热消毒或用 15% 的次氯酸钠溶液洗净并烘干。

3. 检查种子水分

采用烘箱法测定种子批的水分,对水分低于 10% 或高于 14% 的种子批应将其水分调节至 10%～14% 再测定。

4. 准备老化内箱

把 40 mL 蒸馏水放入老化内箱,然后插入网架,保证水不渗到网架和后加的种子上,如水渗到种子上,用另一准备试样种子代替。

5. 称重

以大豆为例从净种子中称取 42 g(至少含有 200 粒种子)种子,放在网架上,摊成一层,同时称取对照样品。

6. 准备老化外箱

内箱排成一排放在架上,同时放入外箱内。外箱内的两个内箱之间间隔大约为 2.5 cm,以保证温度均匀一致。记录内箱放入外箱的时间,准确监控老化外箱的温度在表 7-1 的范围和时间内。期间不能打开外箱的门,否则重新进行测定。

7. 发芽试验

经规定老化时间后,从外箱取出内箱,记录这时的时间。取出 1 h 内用 50 粒种子重复进行标准发芽试验。

8. 检查老化后对照样品的水分

在老化结束进行标准发芽前,从内箱中取出对照样品的一个小样品(10～20 粒),马上称重,用烘箱法测定种子水分(以鲜重为基础),记录对照样品种子水分,如果种子水分低于或高于表 7-1 所规定的值,则试验结果不正确,应重做试验。

9. 结果计算表示

用 4 次 50 粒重复的平均结果表示人工老化发芽结果,以百分率表示。

10. 结果解释

如果发芽试验结果类同于标准发芽试验结果为高活力,低于标准发芽试验结果为中等至低活力。

二、电导率测定法

种子随着衰老或损伤,细胞膜中的脂蛋白变性,分子排列改变,渗透性增加,则其内部的电解质(如糖分、氨基酸和有机酸等)外渗增多。如果把这种衰老种子浸在去离子水中,电解质外渗而扩散到水中变为混浊,则其中存在带电的离子,在电场的作用下,离子移动而传递电子,具有电导作用。因此,一般来说,种子愈衰老,水中的电解质愈多,电导率愈高,活力愈低,成反比关系,从而可用电导仪测定种子浸出液的电导率,间接地判断种子批的活力水平,评价种子质量。

(一)预备试验

(1)校正电极;

(2)核查对照种子批的电导率;

(3)检查仪器清洁度;

(4)检查温度。

(二)测定每一种子批的程序

1. 检查种子水分

如果不知道测定种子批的水分,应采用烘箱法测定种子批的水分。对于水分低于 10% 或高于 14% 的种子批,应在浸种前将其水分调至 10%～14%。

2. 准备烧杯

准确量取 250 mL 去离子水或蒸馏水,放入 500 mL 的烧杯中。每个种子批测定 4 个烧杯。含水的所有烧杯应用铝箔或薄膜盖子盖好,以防止污染。在盛放种子前,先在 20℃ 下平衡 24 h。为了控制水的质量,每次测定准备两个只含去离子水或蒸馏水的对照杯。

3. 准备试样

随机从种子批净种子部分数取每个各为 50 粒的 4 个次级样品,称重至 0.01 g。

4. 浸种

已称重的试样放入已盛有 250 mL 去离子水的 500 mL、粘有标签的容器中。轻轻摇晃容器,确保所有种子完全浸没。

所有容器用铝箔或薄膜盖盖好,在(20±1)℃放置 24 h。在同一时间内测定的烧杯的数量不能太多,不能超过电导率评定的数目,通常为 10～12 个容器,一批测定一般不超过 15 min。

5. 准备电导仪

试验前先启动电导仪至少 15 min。每次测定同时用去离子水或蒸馏水装满容器杯 400～600 mL 冲洗电极，作为冲洗水，去离子水电导率不应超过 2 μS/cm 或蒸馏水不超过 5 μS/cm。

6. 测定溶液电导率

24 h±15 min 的浸种结束后，应马上测定溶液的电导率。盛有种子的烧杯应轻微摇晃 10～15 s，移去铝箱或薄膜盖，电极插入不要过滤的溶液，注意不要把电极放在种子上。测定几次直到获得一个稳定值。测定一个试样重复后，用去离子水或蒸馏水冲洗电极两次，用滤纸吸干，再测定下一个试样重复。如果在测定期间观察到硬实，测定电导率后应将其除去，记数，干燥表面，称量，并从 50 粒种子样品重量中减去其重量。

7. 扣除试验用水的电导率

在(20±1)℃测定对照杯的去离子水或蒸馏水的电导率，比较该数与日常的水源记录(如果读数高于日常水源读数，表明电极清洁度有问题，应重新清洗电极，重新测定另一对照杯)。每一重复应从上述容器的测定值中减去对照杯中的测定值(烧杯的背景值)。

处理种子的送验样品可能已经用杀菌剂处理。目前没有证据表明种子杀菌剂处理会影响电导率结果，但是没有对所有的商用种子处理评定过。不同纯度的商用杀菌剂中的某些含有添加剂的会严重改变电导结果。所以，对于经过杀菌剂处理的种子应特别小心，特别是使用新的杀菌剂。

8. 结果计算与表示

计算每一重复的种子重量的每克电导率，4 次重复间平均值为种子批的结果。4 次重复间容许差距为 5 μS/cm(最低和最高的差)，如超过，应重做 4 次重复。

9. 结果说明解释

根据电导率测定结果，即用活力水平对种子批进行排列。凡是电导率低的种子批为活力强的，反之，则弱。如果经过电导率与田间成苗率相关关系的研究，就可确定每种作物、每个品种种子质量分级的电导值，评定种子批的种用价值，指导播种。

三、其他方法

(一)幼苗生长测定

幼苗生长特性测定主要包括幼苗生长测定、幼苗评定测定、种子发芽速率、发芽指数和活力指数测定等方法，这类测定方法是根据高活力种子幼苗生长快、幼苗健壮、生长正常、幼苗株高和重量较重等生长特性，而低活力种子则相反，借此来评定种子活力水平的差异。其程序如下：

(1)数取试样。数取试样 4 份，各 25 粒(大、小麦)。

(2)制备发芽床。取硬质吸水纸或滤纸 3 张，取其中 1 张画线，先在纸张中心画一条横线，并在其上每隔 2 cm 画平行线各 5 条，在中心线上画 25 点。

(3)种子置床。将纸湿润，在每点上黏上 1 粒种子(无毒胶水)，再盖 2 层湿润吸水纸，纸的基部向上折叠 2 cm，将之卷成 4 cm 直径的筒状，用聚乙烯袋包好，直立置于保湿盒中，置于 20℃恒温箱内培养 7 d。

(4)结果计算。统计苗长：计算每对平行线之间的胚芽尖端的数目，从中间至每对平行线之间的距离为 1 cm、3 cm、5 cm、7 cm、9 cm、11 cm。按下列公式求出幼苗平均长度：

$$L = (n \times 1 + n \times 3 + n \times 5 + \cdots + n \times 11)/N$$

式中：L—胚芽平均长度，cm；

　　n—每对平行线之间的胚芽尖端数；

　　N—每份试验的粒数。

发芽试验中不正常幼苗不统计长度。

(二)幼苗评定试验

幼苗评定试验适用于大粒豆科种子，这些种子不能用幼苗生长速度表示活力，因其细弱苗可达相当的长度，可采用标准发芽方法，幼苗评定时分成不同等级。其程序如下：

(1)数取试样。数取试样 4 份，各 50 粒(豌豆)。

(2)制备发芽床。将 0.1～0.2 cm 的粗沙清洗消毒后加水，使保持最大水力约 15%(W/W)，放入 4 个容积为 15 cm×20 cm×10 cm 的聚乙烯盒内，厚 2 cm。

(3)种子置床。分别将 50 粒种子均匀插入沙内，盖湿沙 3 cm。

(4)结果评定。经 6 d 后取出幼苗洗涤干净，进行幼苗评定，先将种子分成发芽的、不发芽的 2 类，再将幼苗分成 3 级：①健壮幼苗，胚芽强壮、深绿色，初生根强壮，或初生根少而有大量次生根；②细弱幼苗，胚芽短或细长，初生根少或较弱，但仍属正常幼苗；③不正常幼苗，根或芽残缺或破裂，苗色褪绿等。第一级为高活力种子，第二级为低活力种子而具有发芽力的种子，一、二级相加即为种子发芽率。发芽试验中不正常幼苗不统计长度。

(三)发芽速率测定

发芽速率测定是一种最古老和最简单的方法，适用于各种作物的活力测定。其方法是采用标准发芽试验，每日记载正常发芽种子数(牧草、树木等种子发芽缓慢，可隔日或隔数日记载)，然后按公式计算各种与发芽速度有关的指标。

(1)数取试样。从不同活力种子样品取样，各数取大麦或小麦种子 100 粒，4 次重复。

(2)制备发芽床。根据标准发芽试验选取发芽床。

(3)种子培养。将种子置于发芽床，20℃培养。

(4)种子培养第 2 天起每天记载发芽数，并测定幼苗长度或干重，至第 8 天结束。依据以下公式计算活力指数。

①初期发芽率　计算小麦、大豆、玉米 3 d 的发芽率。

②发芽达 90% 所需日数或达 50% 所需日数　后者适用于发芽率较低的种子。

③发芽指数 $(GI) = \sum \dfrac{Gt}{Dt}$

式中：Gt—与 Dt 相对应的每天发芽种子数；

　　Dt—发芽日数；

　　$\sum$—总数。

④活力指数 $VI = GI \times S$

式中：S——一定时期内幼苗长度(cm)或幼苗重量(g)。

⑤简易活力指数 适用于发芽快速的作物种子,如油菜、黄麻。

简易活力指数 $= G \times S$

式中:G—发芽率;

$\quad S$—幼苗长度或重量。

⑥平均发芽时间(MGT)

$$MGT(d) = \frac{\sum(Gt \times Dt)}{\sum Gt}$$

式中:Dt—发芽日数。

⑦发芽值

$$峰值(PV) = \frac{达峰值的累计发芽率}{达峰值的天数}$$

$$平均发芽率(MDG) = \frac{总发芽率}{发芽结束时的天数}$$

$$发芽值\ GV = PV \times MDG$$

幼苗生长和幼苗评定试验以及发芽速度的测定,均采用标准发芽试验,必须严格控制发芽温度、湿度和光照条件,否则容易产生误差,同时测定人员必须具有评定幼苗的经验才能获得准确结果。

小结

种子活力是衡量种子质量的一项综合性指标,与种子的田间出苗密切相关。种子活力的高低与种子发育、成熟和贮藏劣变等密切相关,与种植业生产关系十分密切。种子活力有别于种子生活力,后者衡量的是种子的死或活,前者衡量的是种子的健壮度。种子活力的测定对于种子质量管理、作物育种、作物生产、种子科学研究等均具有重要意义。种子活力测定方法较多,应根据实际情况进行选用。

思考题

1. 试述种子活力测定的意义。
2. 种子生活力和种子活力有何异同点?
3. 请分析不同活力测定方法的特点和意义。

第八章 品种真实性和纯度鉴定

知识目标
◆ 明确品种真实性、品种纯度的相关概念及含义。
◆ 掌握电泳法鉴定品种纯度的原理与方法。

能力目标
◆ 能够利用电泳法进行品种纯度鉴定。

第一节 品种真实性、纯度相关概念和意义

一、有关定义术语

1. 品种真实性

品种真实性是指一批种子所属品种、种或属与文件描述(品种证书、标签等)是否相符合,即鉴定品种的真假问题。

2. 品种纯度

品种纯度是指品种个体与个体之间在特征、特性方面典型一致的程度,用本品种的种子数(或株、穗数)占供检本作物种子数(或株、穗数)的百分数表示,即鉴定品种的一致性问题。

3. 育种家种子

育种家种子是指育种家育成的遗传性状稳定的品种或亲本种子的最初一批种子,用于进一步繁殖原种种子。

4. 原种

原种是指用育种家种子繁殖的第1～3代,或按原种生产技术规程生产的达到规定质量标准的种子,用于进一步繁殖大田用种种子。

5. 大田用种

大田用种是指用常规种原种繁殖的种第1～3代和杂交种达到良种质量标准的种子,用于大田生产。

6. 变异株

变异株是指一个或多个性状(特征、特性)与原品种的性状明显不同的植株。

二、品种真实性和品种纯度鉴定的目的意义

品种混杂、人为掺假等引起的种子质量问题,既扰乱了种子市场,又给农业生产带来巨大经济损失。例如,安徽岳西错把"华联 2 号"当"汕优 63"引进种植,造成数万公顷良田绝收;江苏江宁谷里乡因错种"南京 11 号"常规稻,导致减产 2 000 多 t,经济损失 120 万元。

品种真实性和纯度是构成种子质量的两个重要指标,是种子质量评价的重要依据。品种真实性和纯度鉴定有利于保证良种优良遗传特性的充分发挥,防止良种混杂退化、引种调种差错或者人为掺杂假种等现象导致农业生产损失,从而保障农业的增产、增收。

因此,在种子引种、调种、生产、加工、贮藏、经营过程中都应该重视品种真实性和纯度鉴定,确保农业生产所用种子的品种质量。

第二节　品种真实性和纯度室内鉴定方法

一、电泳鉴定法

(一)品种纯度电泳法测定的基础知识

1. 品种纯度电泳法测定的遗传基础

电泳技术已经成为品种真实性和纯度鉴定的一种有效手段。品种纯度电泳测定包括同工酶电泳和蛋白质电泳两种方法。同工酶电泳法和蛋白质电泳法鉴定品种纯度实质上是鉴定品种的基因型。品种的基因型决定了品种的表现型,即品种的籽粒形态、幼苗形态、植株形态等特征特性。因此,鉴定品种特征特性的差异实质上就是鉴定其遗传基因的差异。蛋白质是基因最直接的稳定产物,最直接地反映了基因的差异。由遗传法则 DNA→RNA→蛋白质(或酶)可以看出,不同品种所特有的蛋白质组成反映了不同品种的基因组成。因此,利用电泳技术可以准确区别作物品种的蛋白质或同工酶的差异,从而可用来测定其纯度。

同工酶的提取和电泳条件较蛋白质要求严格,需在低温下进行。并且,同工酶往往具有组织或器官特异性,种类、数量因发育期而异,对品种纯度鉴定不利。因此,在纯度鉴定中一般以蛋白质为主。

2. 聚丙烯酰胺凝胶电泳的原理

聚丙烯酰胺凝胶电泳是以聚丙烯酰胺凝胶作为支持介质的一种电泳技术。聚丙烯酰胺凝胶是丙烯酰胺和甲叉双丙烯酰胺在催化剂作用下聚合而成的高分子胶状聚合物。其凝胶透明,韧性强,化学稳定性好,对温度、pH 变化稳定;属非离子型,无吸附和电渗现象;改变凝胶浓度可以控制凝胶孔径的大小。

蛋白质(酶)为两性电解质,不同 pH 条件下所带电荷量不同。蛋白质(酶)由于氨基酸组成不同,其等电点不同,在同一 pH 条件下所带电荷量也不同,在电场中受到的作用力也就存

在差异。聚丙烯酰胺凝胶电泳主要依据样品浓度效应、分子筛效应和电荷效应对蛋白质(酶)进行分离。

浓度效应是指电泳开始时样品蛋白质(酶)首先浓缩的现象。蛋白质(酶)电泳凝胶分为浓缩胶和分离胶。浓缩胶为大孔径,有防止对流作用,样品在其中浓缩,并按其迁移速度递减顺序在其与分离胶的界面上积聚成薄层。分离胶为小孔径,样品在其中根据分子效应和电荷效应进行分离。蛋白质(酶)分子在浓缩胶迁移阻力小,速度快;而在分离胶迁移阻力大,移动速度慢。由于凝胶层的不连续性,在浓缩胶与分离胶的交界处样品浓缩成狭窄的区带,从而使蛋白质不同组分以相同起点进入分离胶进行分离。

分子筛效应是指在电场作用下,蛋白质(酶)分子通过聚丙烯酰胺凝胶孔径与蛋白质分子量大小有关,相同孔径下小分子易通过,大分子难通过。凝胶孔径与丙烯酰胺和甲叉双丙烯酰胺的浓度成反比例关系。凝胶浓度高,孔径小,适合分子量小的蛋白质(酶)分离;反之,凝胶浓度低,孔径大,适合分子量大的蛋白质(酶)分离。

电荷效应是指蛋白质(酶)在聚丙烯酰胺凝胶中迁移快慢与蛋白质所带电荷量多少有关的效应。在相同电场作用下,带电荷量多的蛋白质(酶)受到的作用力大,迁移较快;反之,则较慢。溶液的 pH 与蛋白质等电点相差越大,蛋白质(酶)所带电荷量越多。蛋白质(酶)在凝胶中运动速度与荷质比关系密切。经过一定时间的电泳,性质相同的蛋白质迁移在一起,性质不同的蛋白质就得到了分离。

3. 种子蛋白质和同工酶的种类及常用电泳方法

(1)蛋白质分类及电泳方法　种子蛋白质根据溶解特性分为以下 4 种类型:

①球蛋白　其不易溶于纯水,易溶于稀盐溶液,主要存在于与膜结合的蛋白体中,是贮藏蛋白。目前,我国农业行业标准 NY/T 449—2001《玉米种子纯度盐溶蛋白电泳鉴定方法》就是根据球蛋白的电泳谱带进行品种纯度鉴定的。

②醇溶蛋白　其能溶于醇类溶液,也是贮藏蛋白。ISTA 颁布的《国际种子检验规程》和国家技术监督局发布的《农作物种子检验规程》中大麦、小麦品种的聚丙烯酰胺凝胶电泳方法就是利用了种子醇溶蛋白的电泳谱带进行纯度鉴定的。

③清蛋白　其能溶于水,包括大多数酶蛋白。通常可采用同工酶电泳方法进行品种纯度鉴定。

④谷蛋白　其能溶于稀酸和稀碱溶液,不溶于水、醇和中性盐溶液。目前应用的核酸电泳就是对这种蛋白进行品种鉴定的。

上述 4 种蛋白质的结构、大小、性质不同,每种蛋白质在作物之间、品种之间存在一定差异。例如大麦、小麦、玉米、黑麦等谷类种子中醇溶蛋白较多;水稻、燕麦等种子中球蛋白较多;菜豆、豌豆等豆类种子中球蛋白较多。纯度鉴定时,品种间蛋白质的多态性越丰富越有利于对品种纯度鉴定。

(2)同工酶的结构与分类　同工酶的结构:酶蛋白是众多氨基酸按一定顺序排列形成的一条多肽链。在同一生物有机体的同一器官,甚至同一细胞中,某些酶虽然催化活性相同,但它们之间分子的氨基酸顺序却差异较大。酶学上把这种催化活性相同而分子结构不同的酶称为同工酶。

目前,植物中已发现 45 种以上的同工酶,主要有氧化还原酶类、转移酶类、水解酶类、连接酶类和异构酶类等。

Whitt(1967)将同工酶按结构分为两类:单体同工酶,指由一条多肽链组成的酶;多体同工酶,指由多条多肽链组成的酶。

Markert(1978)又将同工酶分为两类:单基因决定同工酶,其氨基酸序列存在差异,如水稻芽鞘颜色控制的酯酶同工酶;后成同工酶,其在翻译后再经修饰而产生的同工酶。

(二)品种纯度电泳鉴定的基本程序

1. 样品提取

(1)蛋白质　不同蛋白质的溶解特性不同,其提取方法也有所差异。一般地,球蛋白难溶于水,但能很好地溶于稀盐、稀碱、稀酸溶液;醇溶蛋白不溶于水,但能很好地溶于70%~80%的乙醇溶液;清蛋白能很好地溶于水、稀盐、稀碱、稀酸溶液;谷蛋白不溶于水、醇,可溶于稀酸、稀碱溶液。因此,可以依次用10%NaCl、70%~80%的乙醇、水、0.2%的碱液提取。

例如,玉米盐溶蛋白提取液:NaCl 0.1 mol/L,蔗糖 0.58 mol/L,甲基绿 0.000 25 mol/L。小麦种谷蛋白可用提取液:2%SDS,0.8%Tris,5%β-巯基乙醇,10%甘油,pH 6.8。

(2)同工酶　不同同工酶的提取方法不同,多数同工酶需在低温下提取。乙醇脱氢酶可用含有1% SDS的0.2 mol/L的醋酸钠缓冲液(pH 8.0)或 0.05 mol/L 的 Tris-HCl 缓冲液(pH 8.0)提取。淀粉酶可用 0.05 mol/L 的 Tris-HCl 缓冲液(pH 7.0)或 0.1 mol/L 的柠檬酸缓冲液(pH 5.6)提取。酯酶可用含有 1% 的 SDS 的 0.2 mol/L 醋酸缓冲液(pH 8.0)或0.05 mol/L 的 Tris-HCl 缓冲液(pH 8.0)提取。苹果酸脱氢酶、尿素酶、谷氨酸脱氢酶,可用蒸馏水提取。

2. 凝胶制备

连续电泳只有分离胶,不连续电泳有分离胶和浓缩胶。不同方法的凝胶浓度、缓冲系统、pH、离子强度等不同,使用的催化系统也不同。仪器设备不同,凝胶配制方法及使用化学试剂也有所不同。凝胶包括浓缩胶和分离胶两种。浓缩胶配制试剂:三羟基甲基氨基甲烷(Tris)-柠檬酸缓冲液(pH 8.9)、丙烯酰胺、甲叉双丙烯酰胺、TEMED、过硫酸铵。分离胶配制试剂:三羟基甲基氨基甲烷(Tris)-柠檬酸缓冲液(pH 8.9)、丙烯酰胺、甲叉双丙烯酰胺、乙二胺四乙酸(EDTA)、TEMED。凝胶配制后,底缝和边缝密封的胶室种先灌入分离胶,待聚合后,灌入浓缩胶,并把样品梳插入,待浓缩胶聚合后,小心取出样品梳。

3. 加样电泳

电泳中的加样量由提取液中蛋白质(酶)的含量确定,每孔一般加样 10~30 μL。电泳一般采用稳压和稳流两种,电压高低依据电泳方法、电泳槽种类、凝胶板长度及厚度等而定,一般以电泳时凝胶板不过热为准。同工酶电泳最好进行一段时间的预电泳,并在低温条件下电泳。

为了指示电泳的过程,可以加入指示剂,阴离子电泳系统可采用溴酚蓝作为指示剂,点样端接负极,另一端接正极;阳离子电泳系统可采用甲基绿作为指示剂,点样端接正极,另一端接负极。根据指示剂移动速度确定电泳时间。

4. 卸板染色

电泳结束后,倒出电解液,从电泳槽中卸下胶条,启开玻璃板,小心取出胶片,浸入染色液中染色。染色方法因电泳对象而异。目前蛋白质染色液较多为 10% 的三氯乙酸和 0.05%~0.1%的考马斯亮蓝,该染色液染色后不需要脱色。

不同的同工酶染色的原理和方法不同。酯酶染色液配制方法为:取 α-醋酸萘酯、β-醋酸萘酯各 30 mg,用 1 mL 丙酮酸溶解,再加入 90 mL 0.1 mol/L 磷酸缓冲液和 60 mg 坚牢蓝 B 溶解即可。过氧化物酶用联苯胺-醋酸-过氧化氢染色液染色。

5. 谱带分析

谱带分析主要依据由于遗传基础差异引起的蛋白质组分差异来区别本品种和异品种。品种纯度鉴定时,根据蛋白(酶)谱带的组成及带型的一致性来区别本品种和异品种。不同电泳方法蛋白(酶)谱带的组成及带型不同。

按照谱带特征、亲缘关系和鉴别方便分为两类:①共同带,指同种同属的不同品种具有数目不等的相同的谱带,鉴定品种时可以不必检查这些谱带。②特征谱带,又称标记谱带或指示谱带,指不同品种之间存在的稳定的、可鉴别的、可区分的遗传谱带,只要鉴别检查这些谱带就可以鉴别品种。

根据杂交种的谱带特征分为 4 类(图 8-1):①互补型谱带,指杂交种具有来自母本谱带和父本谱带的一种谱带类型。②杂种型谱带,又称新增型谱带,指杂交种中出现的双亲均没有的新产生的谱带。③偏母型谱带,指杂交种具有与母本基本相同的谱带。④偏父型谱带,指杂交种具有与父本基本相同的谱带。在互补型谱带存在条件下,如果同时出现了父母本所没有的谱带,可判断为双亲不纯引起的差异;如果互补型谱的两条中之一缺失,则为自交粒;如果整个谱带与本品种差异较大,则为杂粒。

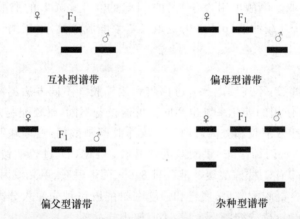

图 8-1   玉米杂交种和亲本自交系谱带关系类型(引自荆宇等《种子检验》,2011)

上述几种谱带类型都是来自纯合自交系间的杂交种,谱带整齐一致。对于非纯正自交系的杂交种,如三交种、双交种和改良单交种的谱带鉴定不能套用上述模式,可以参照 ISTA 鉴定不同杂交玉米的蛋白质电泳图谱进行鉴定(图 8-2)。

根据电泳迁移的快慢将谱带分为 3 类:快带,指由于分子小、形态光滑、电荷较多,在电泳场中迁移最快、跑在前面的谱带,通常用字母 F 表示。慢带,指由于分子大、形态不规则、电荷较少,在电泳场中迁移最慢、跑在后面的谱带,通常用字母 S 表示。中带,指介于快带与慢带中间,迁移速度中等的谱带,通常用字母 N 表示。

通过比对样品电泳谱带与本品种标准蛋白(酶)谱带,从而鉴定品种的纯度和真实性。在电泳谱带鉴定中,不同品种的电泳图谱可按照谱带的数目、Rf 值(相对迁移率)、宽窄、颜色及深浅等加以鉴别。应注意的是,电泳测定时,在混杂率不同的情况下,为保证测定结果的可靠性,所需的样本粒数有所不同,可参考表 8-1。

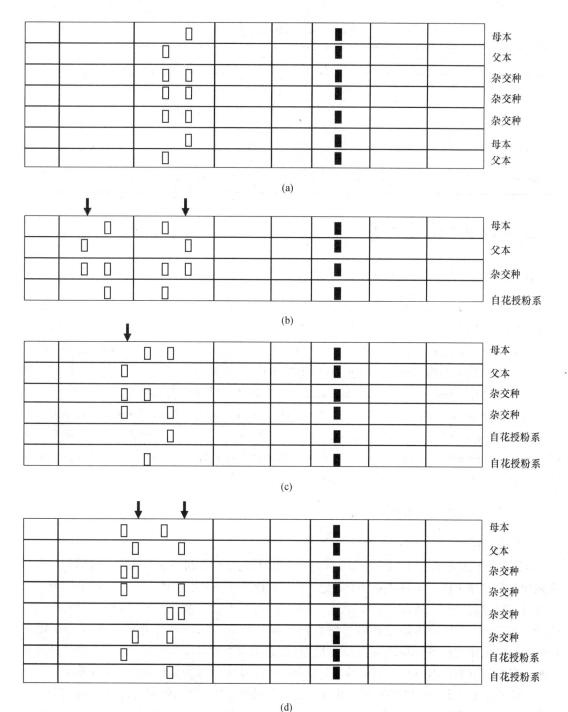

图 8-2　不同杂交玉米的蛋白质电泳图谱

(a)父本存在标记谱带而母本缺少标记谱带　(b)鉴定单交种、杂交种,只有一条特征谱带,而其他谱带
是来自自花授粉(同母本相同谱带类型)或来自混杂　(c)鉴定三交种,母本的自交系,按照
Mendelian 规则,可能出现两种谱带类型,但大多数品种仅出现一种类型　(d)鉴定双交种,
两种亲本谱带来自杂交,按照 Mendelian 规则,可能出现 4 种谱带类型

表 8-1　电泳所需样品数量

概率水平	混杂率/%								
	0.1	2	5	10	15	20	25	30	35
0.99	4 600	458	90	44	28	21	16	13	11
0.95	3 000	298	58	28	18	13	10	8	7
0.90	2 300	228	45	22	14	10	8	6	5

二、DNA 分子标记鉴定法

(一)常见 DNA 分子标记技术

DNA 分子标记技术已成为作物品种真实性与纯度鉴定的准确可靠方法。常用 DNA 分子标记有 RFLP 标记(限制性片段长度多态性,Restriction Fragment Length Polymorphism)、AFLP 标记(扩增片段长度多态性,Amplified Fragment Length Polymorphism)、VNTR 标记(数目可变串联重复序列,Variable Number of Tandem Repeats)、STS 标记(序列标记位点,Sequence Tagged Sites)、SCAR 标记(序列特异性扩增区,Sequence-characterized Amplified Region)、SPAR 标记(单引物扩增反应,Single Primer Amplification Reaction)、SNP 标记(单核苷酸多态性,Single Nucleotide Polymorphism)、SSR 标记(简单重复序列,Simple Sequence Repeat)、RAPD(随机扩增多态性 DNA,Random Amplified Polymorphic DNA)、ISSR(简单序列重复区间,Inter-simple Sequence Repeat),等等。

(二)常用分子标记指纹图谱鉴定

1. RFLP 标记

RFLP 标记技术是 Grodzicker 等 1974 年发明的,它是一种利用限制性内切酶酶切片段长度来检查生物体个体之间差异的分子标记。RFLP 标记原理是生物体由于基因内个别碱基的突变,以及序列的缺失、插入或重排,会造成种、属间 DNA 核苷酸序列差异,导致限制性内切酶的识别位点不同,当用限制性内切酶切割不同品种的 DNA 时,产生数目和大小不同的 DNA 片段,电泳后经 Southern 杂交分析得到 DNA 限制性片段多态性,从而将不同品种区别开来。目前已有利用 RFLP 标记技术进行水稻、玉米、小麦等作物品种检测的应用研究。

RFLP 标记技术基本操作步骤:①DNA 提取与纯化;②用单一限制性内切酶酶切 DNA;③凝胶电泳分离不同大小的 DNA 片段;④凝胶中 DNA 转移到硝酸纤维素膜;⑤用经放射性同位素标记的某个基因作探针进行 Southern 杂交;⑥放射自显影和结果分析。

RFLP 标记技术优点:多态性稳定,重复性好;无表型效应,不受环境影响;简单共显性遗传,可以区别纯合和杂合基因型;在非等位的 RFLP 标记间不存在上位效应,互不干扰。缺点:DNA 用量大,成本较高,操作繁琐,周期长,多态性低,检测所用的放射性同位素对人体有害。

2. RAPD 标记

RAPD 是 Willams 等 1990 年发明的一种基于 PCR 原理的分子标记技术。其可对物种未知序列的基因组进行多态性分析构建基因指纹图谱。其原理是利用随机引物(通常为 10 个碱基)对不同品种的基因组 DNA 进行 PCR 扩增,产生不连续的 DNA 产物,再通过电泳分离检测 DNA 序列的多态性,从而鉴别不同的品种。张超良等从 220 个随机引物中筛选出 13 个稳定的多态性 RAPD 标记,能够区分我国 12 个玉米骨干自交系。吴敏生等利用 3 个 RAPD 标记就可以将 7 个优良玉米自交系及其 7 个单交种鉴别开来。应用 RAPD 标记技术进行水稻、小麦、棉花、黄瓜等品种鉴别有不少研究报道。RAPD 标记技术优点是 DNA 用量少,成本较低,操作简便,灵敏度高,无放射性污染。缺点是对反应条件敏感,重复性差,是显性标记,不能区分杂合型和纯合型。

3. AFLP 标记

AFLP 是 Zabeau Marc 和 Vos Pieter 1993 年发明的一种分子标记技术。其原理是基因组 DNA 经酶切后,产生分子量大小不等的随机限制性片段,然后将特定的接头连接在这些片段的两端,形成一个带接头的特异片段,再通过接头序列和引物 3' 末端识别进行扩增,最终通过电泳分离出特异的限制性片段,进而显示扩增片段的多态性。利用 AFLP 标记技术构建分子指纹图谱鉴定品种纯度已有研究报道。美国先锋种子公司应用 AFLP 技术进行玉米自交系和杂交种鉴定工作。法国科学家用 1 个 AFLP 引物就在玉米的 2 个基因型中发现了 30 条多态性谱带。袁力行等采用 9 个 AFLP 引物组合在 15 个玉米自交系检测到 450 条扩增条带。AFLP 标记技术优点是多态性高,稳定性好,不受环境影响,无复等位效应等。缺点是对 DNA 纯度和内切酶质量要求高,对实验技能和仪器设备要求也较高,且 AFLP 是一种专利技术,在生产和商业上广泛应用受到限制。

4. SSR 标记

SSR 标记又称微卫星 DNA,由 1~6 个碱基组成的简单重复序列。微卫星 DNA 位点两端序列是相对保守的单拷贝序列,因此可以根据两端序列设计一对引物进行 PCR 扩增,然后经电泳分离扩增产物,染色后检测出特定位点微卫星 DNA 的长度多态性。SSR 标记优点是多态性丰富,信息含量高,有多等位基因特性;可区分纯合和杂合型基因型;操作简便,重复性好;很多引物公开发表,易于传播应用。缺点是开发合成新 SSR 标记的投入高、难度大,需要构建 SSR 基因库,筛选阳性克隆,测定新 SSR 序列,设计位点特异性引物。SSR 标记数量丰富,带型简单,是当前最具潜力的分子标记之一,在水稻、棉花、玉米、马铃薯、番茄等作物品种纯度鉴定中已有研究报道。

5. 其他标记

除了上述介绍的 4 种常用分子标记技术以外,还有 VNTR、STS、SCAR、SPA、SNP、ISSR 等标记技术。

三、其他鉴定方法

除了电泳鉴定法、DNA 分子标记鉴定法,还可以采用种子鉴定、幼苗鉴定等方法鉴定品种的纯度。品种纯度测定的送验样品的最小重量应符合表 8-2 的规定。

表 8-2　品种纯度测定的送验样品重量　　　　　　　　　　　　　　　　　　g

种　类	限于实验室测定	田间小区及实验室测定
豌豆属、菜豆属、蚕豆属、玉米属、大豆属及种子大小类似的其他属	1 000	2 000
水稻属、大麦属、燕麦属、小麦属、黑麦属及种子大小类似的其他属	500	1 000
甜菜属及种子大小类似的其他属	250	500
所有其他属	100	250

（一）种子形态鉴定

不同物种甚至相同物种不同品种种子的形态特征有所不同,可以用来鉴别品种。

随机从送验样品中数取 400 粒种子,鉴定时须设重复,每个重复不超过 100 粒种子。

玉米种子:根据类型(马齿型、半马齿型、硬粒型)、粒形(圆粒、扁粒、长粒)、粒色(白色、黄色、红色、紫色)深浅、粒顶部形态、顶部颜色及粉质多少、胚大小及形状、胚部皱褶有无及多少、花丝遗迹位置与明显程度、稃色(白色、浅红、紫红)深浅、籽粒上棱角有无及明显等区别品种。区别玉米自交粒和杂交粒主要依据粒色及籽粒顶部颜色,一般规律为粒色和顶部颜色为深色的母本,与粒色和顶部颜色为浅色的父本杂交,杂交种粒色和顶部颜色变浅;反之杂交种子顶部颜色和粒色变深。如果父母本粒色及顶部颜色相同,其杂交种与自交系之间很难通过粒色及顶部颜色区分。

水稻种子:根据谷粒的形态、长宽比、大小、稃壳和稃尖色、稃毛长短、稀密、柱头夹持率等加以鉴别。

小麦种子:根据粒色(白、红)深浅、粒形(短柱形、卵圆形、椭圆形、线形)、质地(角质、粉质)、种子背部性状(宽窄、光滑与否)、腹沟(宽窄、深浅)、茸毛(长短、多少)、胚大小及突出与否、籽粒大小等性状加以鉴定。

大麦种子:根据籽粒形状(长宽比)、粒色、腹沟展开程度(宽、中、紧)、浆片长短、腹沟基刺长度及茸毛长度、外稃侧背脉纹齿状物及脉色、芒的光滑与否、外稃基部皱褶形状等性状进行鉴定。

大豆种子:根据种子大小、形状(球形、椭球形等)、颜色(白色、黄色、黄褐色、红褐色、黑褐色)、胚根轴隆起程度、种脐形状、种子表面附属物有无多少及表面(网纹、网脊、网眼等)等性状进行鉴定。

西瓜种子:根据种子大小(大粒、中粒、小粒)、形状(扁平形、卵圆形)、颜色(白色、白黄、深金黄、黑色、黄绿色等)、种皮斑纹、边缘缝合线、种皮黑色斑点或条纹有无等性状鉴别。

棉花种子:一般陆地棉籽为白色或灰白色,而绿色籽(日晒后呈棕色)、稀毛籽、多毛大白籽、畸形籽多为杂籽。

芸薹属蔬菜种子:根据种子的形状、大小、胚根脊、种脐等特性鉴别。

葱类种子:根据种子大小、形状、颜色、表面构造及脐部特征等鉴别。

（二）幼苗形态鉴定

随机从送验样品中数取 400 粒种子,鉴定时须设重复,每重复为 100 粒种子。在培养室或温室中,可以用 100 粒,2 次重复。

幼苗鉴定有两种方法:一种方法是提供给植株以加速发育的条件(类似于田间小区鉴定,只是所需时间较短),当幼苗达到适宜评价的发育阶段时,对全部或部分幼苗进行鉴定;另一种方法是让植株生长在特殊的逆境条件下,测定不同品种对逆境的不同反应来加以鉴别。

1. 利用幼苗芽鞘颜色等标记性状鉴别真假杂种

禾谷类作物的芽鞘、中胚轴有紫色与绿色两大类,受遗传基因控制,可以用来鉴别品种。将种子播在沙中(玉米、高粱种子间隔 1.0 cm×4.5 cm,燕麦、小麦种子间隔 2.0 cm×4.0 cm,播种深度 1.0 cm),在 25℃恒温下培养,24 h 光照。玉米、高粱每天加水,小麦、燕麦每隔 4 d 施加缺磷的 Hoagland 培养液(1 L 蒸馏水中加入 4 mL 1 mol/L 硝酸钙溶液、2 mL 1 mol/L 硫酸镁溶液和 6 mL 1 mol/L 硝酸钾溶液),在幼苗发育到适宜阶段时,高粱、玉米 14 d,小麦 7 d,燕麦 10～14 d,鉴定芽鞘的颜色。

2. 根据子叶第一片真叶形态鉴定十字花科的种或变种

这类植物子叶期子叶的大小、形状、颜色、厚度、光泽、茸毛等性状表现差异,第一真叶期根据第一真叶形状、大小、颜色、光泽、茸毛、叶脉宽狭及颜色、叶缘特征鉴别品种。鉴别方法:取试样种子于发芽器皿内沙培,粒距 1 cm,温度 20～25℃,出苗后置于阳光充足的室内培养,7 d 后鉴定子叶性状,10～12 d 鉴定真叶未展开时性状,15～20 d 鉴定第一真叶性状。

3. 根据第一片真叶叶缘特性鉴定西瓜纯度

1995 年,南京农业大学用营养液沙培(粒距 3 cm,温度 20～30℃),置于充足光照条件下,发芽 12 d,第一片真叶展开时根据叶缘有无缺刻和缺刻深浅成功鉴别了几个杂交组合的西瓜品种纯度。

4. 大豆幼苗形态鉴定

将种子播于沙中,播种间距 2.5 cm×2.5 cm,深度 2.5 cm,温度 25℃,24 h 光照,每隔 4 d 施加 Hoagland 培养液(1 L 蒸馏水中加入 1 mL 1 mol/L 磷酸二氢钾溶液、5 mL 1 mol/L 硝酸钾溶液、5 mL 1 mol/L 硝酸钙溶液和 2 mL 1 mol/L 硫酸镁溶液),至幼苗各种特征表现明显时,根据幼苗下胚轴颜色(生长 10～14 d)、茸毛颜色(21 d)、茸毛在胚轴上着生的角度(21 d)、小叶形状(21 d)等加以鉴别。

5. 莴苣幼苗形态鉴定

将莴苣种子播在沙中,播种间距 1.0 cm×4.0 cm,深度 1 cm,恒温 25℃,每隔 4 d 施加 Hoagland 培养液,3 周后(长有 3～4 片叶)根据下胚轴颜色、叶色、叶片卷曲程度和子叶等形状进行鉴别。

6. 甜菜幼苗形态鉴定

有些栽培品种可根据幼苗颜色(白色、黄色、暗红色或红色)加以区别。将甜菜种球播在培养皿湿沙上,置于温室的柔和日光下,经 7 d 后,检查幼苗下胚轴的颜色。根据白色与暗红色幼苗的比例,可在一定程度上表明糖用甜菜及白色饲料甜菜栽培品种的真实性。

(三)快速测定法

通常把化学鉴定和物理鉴定等短时间内测定品种纯度的方法视为快速测定法。

测定时随机从送验样品中数取 400 粒种子,鉴定时须设重复,每个重复 100 粒种子。

1. 苯酚染色法

苯酚染色法已列入 ISTA 品种鉴定手册和我国国家标准。该法品种鉴别的原理是单酚、双酚、多酚在酚酶的作用下氧化成为黑色素，由于每个品种皮壳内酚酶的活性不同，导致苯酚氧化呈现出深浅不同的褐色。该法可适用于小麦、大麦、燕麦、水稻和大豆等。

(1)小麦、大麦、燕麦 将种子浸于清水中 18～24 h，用滤纸吸干表面水分，置于垫有 1% 苯酚溶液润湿滤纸的培养皿内(腹沟朝下)。在室温下，小麦保持 4 h，燕麦 2 h，大麦 24 h 后即可鉴定染色深浅。小麦观察颖果染色情况，大麦、燕麦评价种子内外稃染色情况。通常颜色分为浅色、淡褐色、褐色、深褐色和黑色。与基本颜色不同的种子为异品种。

(2)水稻 将种子浸于清水中 6 h，倒去清水，加 1%苯酚溶液室温下浸 12 h，取出用清水冲洗后放在吸水纸上 24 h，观察谷类或米粒的染色程度。谷粒染色分为五级：不染色、淡茶褐色、茶褐色、深茶褐色、黑色。米粒染色分为 3 级：不染色、淡茶褐色、褐色或紫色。此法可以鉴别籼、粳稻，一般籼稻染色深，粳稻不染色或染成浅色。一般不染色者均为粳稻。

(3)早熟禾 将种子浸入水中 18～24 h，取出置于 1%饱和的苯酚纸间 4 h，并进行一次观察，到 24 h 再进行第二次观察，与对照标准样比较颜色鉴定，一般分浅褐、褐色和深褐色。

2. 大豆种皮愈创木酚染色法

大豆种皮内具有过氧化物酶，能使过氧化氢分解而放出氧，使愈创木酚氧化而产生红棕色的 4-邻甲氧基醌。不同品种的过氧化物酶活性不同，根据溶液颜色深浅可用来区分品种。将每粒大豆种子种皮剥下，分别放入小试管内，加入蒸馏水 1 mL，30℃浸提 1 h，然后滴入 10 滴 0.5%的愈创木酚，10 min 后，加入 1 滴 0.1%过氧化氢溶液，10 min 后观察种皮浸出液的呈色情况。溶液呈色分无色、淡红色、橘红色、深红色、棕红等不同等级，可根据不同颜色鉴别品种纯度。

3. 碱液(NaOH 或 KOH)处理

可用于十字花科种子真实性鉴定。将试样每粒种子放入直径 8 mm 试管中，每管加入 3 滴10% NaOH，25～28℃浸提 2 h，然后取出种子，鉴定浸出液的颜色。一般结球甘蓝为樱桃色，花椰菜为樱桃色至玫瑰色，抱子甘蓝、皱叶甘蓝为浓茶色，油菜、芥菜、芸薹为浅黄色，芜菁为淡色至白色，饲用芜菁为淡绿色。

4. 小麦种子的氢氧化钠测定法

当小麦种子红白皮不易区分(尤其是经杀菌剂处理过的种子)时，可用 NaOH 测定法加以区别。数取 400 粒或更多的种子，先用 95%(V/V)甲醇浸泡 15 min，然后将种子干燥 30 min，室温下将种子浸泡于 5 mol/L NaOH 溶液中 5 min，然后将种子移至培养皿内，不可加盖，使其室温下干燥，根据种子颜色深浅加以计数区别。

5. 高粱种子氢氧化钾-漂白粉测定法

根据高粱各品种中黑单宁含量不同测定品种纯度。配制 1∶5(m/V)氢氧化钾和新鲜漂白粉(5.25%)的混合液(即 1 g 氢氧化钾加入 5.0 mL 漂白液)。将种子置于培养皿内，加入氢氧化钾-漂白液(测定前应置于室温一段时间)，以淹没种子为度。棕色种皮浸泡 10 min，白皮种子浸泡 5 min。浸泡过程中定时轻轻摇晃，使溶液与种子良好接触，然后将种子用自来水慢慢冲洗后，将种子放在纸上使其气干，待种子干燥后，记录黑色种子数与浅色种子数。

6. 燕麦种子氯化氢测定法

将燕麦种子置于预先配好的氯化氢溶液[1 份 38%(V/V)盐酸和 4 份水]的玻璃器皿中浸

泡 6 h,然后取出种子放在滤纸上气干 1 h。根据棕褐(荧光种子)或黄色(非荧光种子)加以鉴别种子。

7. 燕麦种子荧光测定法

应用波长 360 A 紫外光照射,在暗室内鉴定。将种子排列在黑纸上,置于距紫外光下 10～15 cm处,照射数秒至数分钟后,可根据内外稃有无荧光发出进行鉴定。

四、结果计算及报告

1. 品种纯度计算

根据上述各种方法,区分本品种与异品种种子,并加以计数,按照如下公式计算品种纯度百分数。

$$品种纯度 = \frac{供检样品种子数 - 异品种种子数}{供检样品种子数} \times 100\%$$

2. 查对容许差距

必要时,品种纯度鉴定结果需要与规定值相比较,鉴定结果(X)是否符合国家种子质量标准或合同、标签值(α)。若$|X - \alpha| \geqslant$品种纯度容许差距,说明不符合国家种子质量标准值或合同、标签值要求;反之,符合要求。

品种纯度是否达到国家种子质量标准、合同和标签的要求,可利用表 8-3 进行判别。

表 8-3 品种纯度的容许误差(5%显著水平的一尾检测)

标准规定值		样本株数、苗数或种子粒数							
50%以上	50%以下	50	75	100	150	200	400	600	1 000
100	0	0	0	0	0	0	0	0	0
99	1	2.3	1.9	1.6	1.3	1.2	0.8	0.7	0.5
98	2	3.3	2.7	2.3	1.9	1.6	1.2	0.9	0.7
97	3	4.0	3.3	2.8	2.3	2.0	1.4	1.2	0.9
96	4	4.6	3.7	3.2	2.6	2.3	1.6	1.3	1.0
95	5	5.1	4.2	3.6	2.9	2.5	1.8	1.5	1.1
94	6	5.5	4.5	3.9	3.2	2.8	2.0	1.6	1.2
93	7	6.0	4.9	4.2	3.4	3.0	2.1	1.7	1.3
92	8	6.3	5.2	4.5	3.7	3.0	2.2	1.8	1.4
91	9	6.7	5.5	4.7	3.9	3.3	2.4	1.9	1.5
90	10	7.0	5.7	5.0	4.0	3.5	2.5	2.0	1.6
89	11	7.3	6.0	5.2	4.2	3.7	2.6	2.1	1.6
88	12	7.6	6.2	5.4	4.4	3.8	2.7	2.2	1.7
87	13	7.9	6.4	5.5	4.5	3.9	2.8	2.3	1.8
86	14	8.1	6.6	5.7	4.7	4.0	2.9	2.3	1.8

续表 8-3

标准规定值		样本株数、苗数或种子粒数							
50%以上	50%以下	50	75	100	150	200	400	600	1 000
85	15	8.3	6.8	5.9	4.8	4.2	3.0	2.4	1.9
84	16	8.6	7.0	6.1	4.9	4.3	3.0	2.5	1.9
83	17	8.8	7.2	6.2	5.1	4.4	3.1	2.5	2.0
82	18	9.0	7.3	6.3	5.2	4.5	3.2	2.6	2.0
81	19	9.2	7.5	6.5	5.3	4.6	3.2	2.6	2.1
80	20	9.3	7.6	6.6	5.4	4.7	3.3	2.7	2.1
79	21	9.5	7.8	6.7	5.5	4.8	3.4	2.7	2.1
78	22	9.7	7.9	6.8	5.6	4.8	3.4	2.8	2.2
77	23	9.8	8.0	7.0	5.7	4.9	3.5	2.8	2.2
76	24	10.0	8.1	7.1	5.8	5.0	3.5	2.9	2.2
75	25	10.1	8.3	7.1	5.8	5.1	3.6	2.9	2.3
74	26	10.2	8.4	7.2	5.9	5.1	3.6	3.0	2.3
73	27	10.4	8.5	7.3	6.0	5.2	3.7	3.0	2.3
72	28	10.5	8.6	7.4	6.1	5.2	3.7	3.0	2.3
71	29	10.6	8.7	7.5	6.1	5.3	3.8	3.1	2.4
70	30	10.7	8.7	7.6	6.2	5.4	3.8	3.1	2.4
69	31	10.8	8.8	7.6	6.2	5.4	3.8	3.1	2.4
68	32	10.9	8.9	7.7	6.3	5.5	3.8	3.2	2.4
67	33	11.0	9.0	7.8	6.3	5.5	3.9	3.2	2.5
66	34	11.1	9.0	7.8	6.4	5.5	3.9	3.2	2.5
65	35	11.1	9.1	7.9	6.4	5.6	3.9	3.2	2.5
64	36	11.2	9.1	7.9	6.5	5.6	4.0	3.2	2.5
63	37	11.3	9.2	8.0	6.5	5.6	4.0	3.3	2.5
62	38	11.3	9.2	8.0	6.5	5.7	4.0	3.3	2.5
61	39	11.4	9.3	8.1	6.6	5.7	4.0	3.3	2.5
60	40	11.4	9.3	8.1	6.6	5.7	4.0	3.3	2.6
59	41	11.5	9.4	8.1	6.6	5.7	4.1	3.3	2.6
58	42	11.5	9.4	8.2	6.7	5.8	4.1	3.3	2.6
57	43	11.6	9.4	8.2	6.7	5.8	4.1	3.3	2.6
56	44	11.6	9.5	8.2	6.7	5.8	4.1	3.4	2.6

续表 8-3

标准规定值		样本株数、苗数或种子粒数							
50%以上	50%以下	50	75	100	150	200	400	600	1 000
55	45	11.6	9.5	8.2	6.7	5.8	4.1	3.4	2.6
54	46	11.6	9.5	8.2	6.7	5.8	4.1	3.4	2.6
53	47	11.6	9.5	8.2	6.7	5.8	4.1	3.4	2.6
52	48	11.7	9.5	8.3	6.7	5.8	4.1	3.4	2.6
51	49	11.7	9.5	8.3	6.7	5.8	4.1	3.4	2.6
50		11.7	9.5	8.3	6.7	5.8	4.1	3.4	2.6

引自《农作物种子检验员考核学习读本》，2006。

表 8-3 中品种纯度测定的容许差距，可以通过以下公式计算：

$$T = 1.65\sqrt{\frac{p \times q}{n}}$$

式中：T—容许误差；

　　　p—标准或合同、标签值；

　　　q—$100-p$；

　　　n—样品粒数或株数。

3. 结果报告

实验室所检测的结果须填报种子数、幼苗数或植株数。填写表 8-4。

表 8-4　品种真实和纯度鉴定结果单

检验编号		作物名称		品种(组合)名称					
检验方法									
项目重复	供检株(粒)数	本品种株(粒)数		异品种株(粒)数				品种纯度/%	平均值/%
电泳测定值 X/%		计算公式	$Y(纯度)=52.9+0.461X$			备注			

审核人：　　　　校核人：　　　　检验员：

小结

品种真实性和纯度鉴定是指对品种的真实可靠程度和品种的典型一致程度进行鉴定,可以通过室内检验和田间检验来完成。只有真实性得到确认后再进行纯度检验才有意义。随着现代育种技术的发展,品种之间的差异在变小,种子检测技术越来越受到挑战,导致开发更加复杂和敏感的品种纯度检测技术成为必然趋势。品种鉴定的分子技术发展也是日新月异。

思考题

1. 种子纯度测定方法有哪些? 简述其优缺点。
2. 电泳法测定种子纯度的原理是什么? 简述其操作步骤。
3. 种子纯度分析和净度分析的区别是什么?

第九章　种子田间检验

知识目标
- ◆ 掌握品种纯度田间检验的方法。
- ◆ 掌握田间小区种植鉴定的目的与用途。

能力目标
- ◆ 掌握田间小区种植鉴定的程序。

第一节　种子田间检验

　　田间检验是指在种子生产过程中,在田间对品种真实性进行验证,对品种纯度进行评估,同时对作物的生长状况、异作物、杂草进行调查等。在田间检验中,通过检查制种田隔离情况,可以防止因外来花粉污染而造成的纯度降低;通过检查种子生产技术的落实情况,特别是去杂、去雄情况,可以防止变异株及杂株对生产种子纯度的影响,防止自交粒的产生;通过检查田间生长情况,特别是花期相遇情况,可以防止花期不育造成的产量降低,同时及时除去杂草和异作物;通过田间检查品种的真实性和品种纯度,判断种子是否符合种子质量要求,报废不合格的种子田,防止低纯度种子对农业生产的影响;此外,通过田间检验,可以为种子质量认证提供依据。

　　田间检验首先是检验品种真实性和品种纯度,其次是检验异作物、杂草、病虫害情况,生育状况和倒伏情况等。为做好田间检验工作,检验员必须熟悉被检品种的特征特性,掌握田间检验的时期和方法。田间检验过程中,应以质量性状为主,结合使用数量性状。质量性状由一对或少数几对基因控制,在分离群体中表现为非连续分布。质量性状受环境的影响较小,有显性、隐性区别(如玉米籽粒颜色、豌豆的花色等)。数量性状由微效多基因控制,在分离群体中表现为连续分布,可以用数量单位表示的性状(如株高、叶长等),受环境的影响较大。

一、田间检验时期

　　种子田在生长季节可以检查多次,但至少应在品种特征特性表现最明显的时期检查一次。田间检验一般在苗期、花期、成熟期进行,常规种至少在成熟期检验一次,如小麦、大豆等自交作物;杂交作物花期必须检验,如杂交水稻、杂交玉米、杂交油菜等;蔬菜作物在商品器官成熟期必须增加一次检验,如叶菜类在叶球成熟期(大白菜),果菜类在果实成熟期,根茎类在直根、根茎、块茎、鳞茎成熟期等。主要大田作物品种纯度田间检验时期见表9-1,主要蔬菜作物品种纯度田间检验时期见表9-2。

表 9-1　主要大田作物品种纯度田间检验时期

作物种类	检验时期			
	第一期		第二期时期	第三期时期
	时间	要求		
水稻	苗期	出苗1个月内	抽穗期	蜡熟期
小麦	苗期	拔节期	抽穗期	蜡熟期
玉米	苗期	出苗1个月内	抽穗期	成熟期
花生	苗期		开花期	成熟期
棉花	苗期		现蕾期	结铃盛期
谷子	苗期		穗花期	成熟期
大豆	苗期	2～3片真叶	开花期	结实期
油菜	苗期		薹花期	成熟期

引自《农作物种子检验员考核学习读本》,2006。

表 9-2　主要蔬菜作物品种纯度田间检验时期

作物种类	检验时期							
	第一期		第二期		第三期		第四期	
	时期	要求	时期	要求	时期	要求	时期	要求
大白菜	苗期	定苗前后	成株期	收获前	结球期	收获剥除外叶	种株花期	抽薹至开花期
番茄	苗期	定植前	结果初期	第1花序开花至第1穗果坐果期	结果中期	第1～3穗果成熟		
黄瓜	苗期	真叶出现至四五片真叶	成株期	第一雌花开花	结果期	第1～3果商品成熟		
辣椒	苗期	定植前	开花至坐果期		结果期			
萝卜	苗期	两片子叶张开时	成株期	收获时	种株期	收获后		
甘蓝	苗期	定植前	成株期	收获时	叶球期	收获后	种株期	抽薹开花

引自《农作物种子检验员考核学习读本》,2006。

二、田间检验方法

田间检验分取样、检验、结果计算与检验报告3大步骤。

（一）取样

1. 了解情况

田间检验员必须掌握检验品种的特征、特性；同时了解种子田面积、种子来源、种子世代、隔离情况、栽培管理等情况，并检验品种证明书。

为进一步核实品种的真实性，有必要核查标签，生产者应保留种子批的两个标签，一个在田间，一个自留。杂交种必须保留其父母本的种子标签备查。根据品种的特征特性，实地检查不少于 100 株。

检验员应绕种子田步行一圈，检查隔离情况。对于昆虫或风传粉杂交的作物，应检查隔离距离，若达不到要求，应淘汰达不到隔离条件的部分田块。对于严重倒伏、杂草危害引起生长不良的种子田，不能用于品种纯度评价，而应该被淘汰。

2. 划分检验区

同一品种、同一来源、同一繁殖世代、耕作制度和栽培管理相同而又连在一起的地块可划分为一个检验区。一个检验区的最大面积为 500 亩（33.3 hm²）。

3. 设点

田间检验员应制定详细的取样方案，方案应考虑样区的大小（面积）、样区的点数（频率）和样区的分布。

一般来说，总样本大小（面积和点数）应与种子田作物生长类别（原种、大田用种）联系起来，并符合 4N 原则，即如果规定的杂株标准为 $1/N$，样本大小至少应为 4N。如品种最小纯度标准为 99.9%（杂株率 1/1 000），4N 为 4 000 株。

设点的数量主要根据作物种类、田块面积而定（表 9-3），同时考虑田间纯度高低和生育状况酌情增减。生长均匀的田块可适当少设点，纯度高的地块应增加取样点数。

表 9-3 种子田最低样区频率

面积/hm²	最低样区频率		
	生产常规种	生产杂交种	
		母本	父本
<2	5	5	3
3	7	7	4
4	10	10	5
5	12	12	6
6	14	14	7
7	16	16	8
8	18	18	9
9～10	20	20	10
>10	在 20 基础上，每公顷递增 2	在 20 基础上，每公顷递增 2	在 10 基础上，每公顷递增 1

引自胡晋《种子检验学》，2015。

4. 样点分布

取样点数确定后,将取样点均匀分布在田块上。取样点的分布方式与田块形状和大小有关。常用的取样方式如图 9-1 所示。

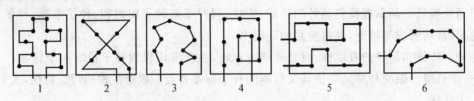

图 9-1　国际上常用的取样方法(引自《农作物种子检验员考核学习读本》,2006)

1. 观察 75% 的田块　2. 观察 60%～70% 的田块　3. 随机观察
4. 顺时针路线　5. 观察 85% 的田块　6. 观察 60% 的田块

(二)检验

通常是边设点边检验,直接在田间进行分析鉴定。

田间检验时应缓慢地沿着样区的预定方向前进,通常是边设点边检验,直接在田间进行分析鉴定,在熟悉供检品种特征特性的基础上逐株观察,最好有标准样品作对照,借助于已建立的品种间相互区别的特征特性进行检查,以鉴别被测品种与已知品种特征特性一致性。检验时沿行前进,二人一组一个人数株数,一个人检验。每点分析结果按本品种、异品种、异作物、杂草、感染病虫株数分别记载,然后计算百分率。

当仅采用主要性状难以得出结论时,可使用次要性状。检验时沿行前进,以背光行走为宜,尽量避免在阳光强烈、刮风、大雨的天气下进行检查。

(三)结果计算

田间检验完成后,将各点检验结果汇总,计算品种纯度及各成分的百分率。

1. 品种纯度

$$品种纯度 = \frac{本品种株(穗)数}{供检本作物总株(穗)数} \times 100\%$$

对于品种纯度大于 99.0% 或每公顷小于 100 万株(穗)的种子田,需要采用淘汰值。对于育种家种子、原种是否符合要求,可利用淘汰值确定。淘汰值是考虑种子生产者利益和有较小失误的基础上,把一个样本内观察到的变异株数与标准比较,作出符合要求的种子批或淘汰该种子批的决定。若变异株大于或等于淘汰值,则淘汰该种子批。不同规定标准与不同样本大小的淘汰值见表 9-4。

要查淘汰值,应计算群体株(穗)数。对于行播作物(禾谷类等作物,通常采取数穗而不数株),可采用以下公式计算每公顷株(穗)数:

$$P = 1\,000\,000M/W$$

式中:P—每公顷株(穗)总数;

M—1 m 行长的穗数平均值;

W—行宽(cm)。

对于撒播作物,则计数 0.5 m² 面积中的株数。撒播每公顷群体可应用以下公式计算:

$$P = 20\,000 \times N$$

式中:P—每公顷株数;

N—每样区内 0.5 m² 面积的株(穗)数的平均值。

根据群体数,查出淘汰值。将各个样区观察到的杂株相加,与淘汰值比较,作出接受或淘汰种子田的决定。如果 200 m² 样区内发现的杂株数大于或等于淘汰值,就可淘汰该种子田。

表 9-4 总样区面积为 200 m² 在不同品种纯度标准下的淘汰值

估计群体	品种纯度标准				
(每公顷植株/穗)	99.9%	99.8%	99.7%	99.5%	99.0%
	200 m² 样区的淘汰值				
60 000	4	6	8	11	19
80 000	5	7	10	14	24
600 000	19	33	47	74	138
900 000	26	47	67	107	204
1 200 000	33	60	87	138	
1 500 000	40	73	107	171	—
1 800 000	47	87	126	204	—
2 100 000	54	100	144	235	—
2 400 000	61	113	164	268	—
2 700 000	67	126	183	298	—
3 000 000	74	139	203	330	—
3 300 000	81	152	223	361	—
3 600 000	87	165	243	393	—
3 900 000	94	178	261	424	—

引自《农作物种子检验员考核学习读本》,2006。

对于品种纯度低于 99.0% 或每公顷超过 1 000 000 株或(穗),没有必要采用淘汰值,这是因为需要计数的混杂株数目较大,以致估测值和淘汰值相差较小而可以不考虑。这时直接采用以下公式计算杂株(穗)率,并与标准规定的要求相比较:

$$杂株率 = \frac{样区内杂株数}{样区内供检本作物株数} \times 100\%$$

2. 其他指标

$$异作物 = \frac{异作物株(穗)数}{供检本作物总株(穗)数 + 异作物株(穗)数} \times 100\%$$

$$杂草 = \frac{杂草株(穗)数}{供检本作物总株(穗)数 + 杂草株(穗)数} \times 100\%$$

$$病(虫)感染 = \frac{感染病虫株(穗)数}{供检本作物总株(穗)数} \times 100\%$$

杂交制种田,应计算母本散粉株及父母本散粉杂株:

$$母本散粉株 = \frac{母本散粉株数}{供检母本总株数} \times 100\%$$

$$父(母)本散粉杂株 = \frac{父(母)本散粉杂株数}{供检父母本总株数} \times 100\%$$

(四)检验报告

田间检验完成后,田间检验员应根据检验结果提出建议和意见。

(1)如果田间检验的所有要求如隔离条件、品种纯度等都符合生产要求,建议被检种子田符合要求。

(2)如果田间检验的所有要求如隔离条件、品种纯度等有一部分未符合生产要求,而且通过整改措施(如去杂)可以达到生产要求,应签署整改建议。整改后,还要通过复查,确认符合要求后才可建议被检种子田符合要求。

(3)如果田间检验的所有要求如隔离条件、品种纯度等有一部分或全部不符合生产要求,而且通过整改措施仍不能达到生产要求,如隔离条件不符合要求、严重倒伏等,应建议淘汰被检种子田。

田间检验报告格式可参见表 9-5 和表 9-6。

表 9-5 农作物常规种田间检验结果单

字( )第 号

繁种单位				
作物名称			品种名称	
繁种面积			隔离情况	
取样点数			取样总株(穗)数	
田间检验结果	品种纯度/%		杂草/%	
	异品种/%		病虫感染/%	
	异作物/%			
田间检验结果建议或意见				

检验单位(盖章):   检验员: 检验日期: 年　月　日

表 9-6　农作物杂交种田间检验结果单

字(　)第　号

繁种单位				
作物名称			品种(组合)名称	
繁种面积			隔离情况	
取样点数			取样总株(穗)数	
田间检验结果	父本杂株率/%		母本杂株率/%	
	母本散粉株率/%		异作物/%	
	杂草/%		病虫感染/%	
田间检验结果建议或意见				

检验单位(盖章)：　　　　　检验员：　　　　　检验日期：　　　年　　月　　日

第二节　小区种植鉴定

一、概述

田间小区种植鉴定是评价种子真实性和品种纯度最为可靠的方法,可作为种子贸易中的仲裁检验,并作为赔偿损失的依据。鉴定种子真实性和品种纯度,检验员应拥有丰富的经验,熟悉被检品种的特征特性,能判别植株是属于本品种还是变异株。变异株应是遗传变异,而不是受环境影响所引起的变异。

（一）小区种植鉴定的目的

小区种植鉴定的目的,一是鉴定种子样品的真实性与品种描述是否相符,即通过对田间小区内种植的被检样品的植株与标准样品的植株进行比较,并根据品种描述判断其品种真实性;二是鉴定种子样品纯度是否符合国家规定标准或种子标签标注值的要求。

（二）小区种植鉴定的作用

小区种植鉴定从作用来说可分为前控和后控两种。

当种子批用于繁殖生产下一代种子时,该批种子的小区种植鉴定对下一代种子来说就是前控,如同我国种子繁殖期间的亲本鉴定。在种子生产时,如果对生产种子的亲本种子进行小区种植鉴定,那么亲本种子的小区种植鉴定对于种子生产来说就是前控。前控可在种子生产的田间检验期间或之前进行,据此作为淘汰不符合要求的种子田的依据之一。

通过小区种植鉴定来检测生产种子的质量便是后控,比如对收获后的种子进行小区种植鉴定就是后控。我国每年在海南岛进行的异地小区种植鉴定就是后控。后控也是我国种子质量监督抽查工作鉴定种子样品的品种纯度是否符合种子质量标准要求的主要手段之一。

前控和后控的主要作用有:①为种子生产过程中的田间检验提供重要信息,是种子认证过程中不可缺少的环节;②可以判别品种特征特性在繁殖过程中是否保持不变;③可以鉴定品种的真实性;④可以长期观察,观察时期从幼苗出土到成熟期,随时观察小区内的所有植株;⑤小区内所有品种和种类的植株的特征特性能够充分表现,可以使鉴定记载和检测方法标准化;⑥能够确定小区内有没有自生植物生长和播种设备是否清洁,明确小区内非典型植株是否来自种子样品;⑦可以比较相同品种不同种子批的种子遗传质量;⑧可以根据小区种植鉴定的结果淘汰质量低劣的种子批或种子田,使农民用上高质量的种子;⑨可以采取小区种植鉴定的方法解决种子生产者和使用者的争议。

(三)小区种植鉴定的用途

小区种植鉴定,一是在种子认证过程中,作为种子繁殖过程的前控与后控,监控品种的真实性和品种纯度是否符合种子认证方案的要求。二是作为种子检验鉴定品种真实性和测定品种纯度。因小区鉴定能充分展示品种的特征特性,所以该方法作为品种纯度检测的最可靠、准确的方法。但小区种植鉴定费工、费时。

二、小区种植鉴定程序

我国实施的小区种植鉴定方式多种多样,可在当地同季(与大田生产同步种植)、当地异季(在温室或大棚内种植)或异地异季(如稻、玉米、棉花、西瓜等作物冬季在海南省,油菜等作物夏季在青海省)进行种植鉴定。

(一)标准样品的收集

田间小区种植鉴定应有标准样品作为对照。设置标准样品作对照的目的是为栽培品种提供全面的、系统的品种特征特性的现实描述。标准样品应代表品种原有的特征特性,最好是育种家种子或原种。

标准样品的管理主要包括来源、保持和确认三个方面:

(1)来源　标准样品应从育种者或其代理人那里获取。

(2)保持　标准样品的数量应尽可能多,以便能使用多年,并在低温干燥条件下贮藏。

(3)确认　当标准样品发芽率下降或库存不足时,应及时更新。新样品和旧样品要进行1个生长季节的测验比较,以检查新样品的可靠性。

(二)田间小区的设置

田间小区试验地的选择应遵循两个原则,一是在选定小区鉴定的田块时,必须确保小区种植田块前作无同类作物和杂草的田块作为小区鉴定的试验地;二是为了使种植小区出苗快速而整齐,除考虑前作要求外,应选择土壤均匀、肥力一致、良好的田块,并有适宜的栽培管理措施。

田间小区设计应注意以下6点:

（1）在同一地块，将同一品种、类似品种及对照标准样品相邻种植，突出他们之间细微差异；

（2）在同一品种内，把同一生产单位生产、同期收获有相同生产历史的相关种子批样品相邻种植，以便于观察；

（3）当要对数量性状进行量化时，如株高，小区设计要采用符合田间统计要求的随机小区设计；

（4）如果资源充分允许，小区种植鉴定可设重复；

（5）小区鉴定种植的株数，一般来说，若品种纯度标准为 $X\%$，种植株数 $400/(100-X)$ 即可获得满意结果。如原种的纯度 99.9%，种植 4 000 株可达到要求；自交作物大田用种的纯度 99.0%，种植 100 株可达到要求；玉米杂交种的纯度 96.0%，种植 100 株可达到要求。

（6）小区种植的行株距应有足够的距离，保证植株正常生长。大株作物可适当增加行株距，必要时可用点播和点栽。实际操作中，行株距应根据实际情况而定，只要能保证植株正常生长即可。

（三）田间小区的管理

小区种植的管理，通常要求如同于大田生产粮食的管理工作，包括适时播种、注意排灌、适当施肥、防治病虫害等。不同的是，不管什么时候都要保持品种的特征特性和品种的差异，做到在整个生长阶段都能允许检查小区的植株状况。

小区种植鉴定只要求观察品种的特征特性，不要求高产，土壤肥力应中等。尽量避免间苗，以免影响小区鉴定结果。对于易倒伏作物的小区鉴定，尽量少施化肥，把肥料水平减到最低程度。

（四）小区鉴定和记录

小区种植鉴定在整个生长季节都可观察，有些种在幼苗期就有可能鉴别出品种真实性和纯度，但成熟期（常规种）、花期（杂交种）和食用器官成熟期（蔬菜种）是品种特征特性表现最明显的时期，必须进行鉴定。记载的数据用于结果判别时，原则上要求花期和成熟期相结合，并通常以花期为主。小区鉴定记载也包括种纯度和种传病害的存在情况。

小区鉴定的时间和方法同田间检验。当小区的变异株数接近或有可能超过淘汰值时，群体株数应该准确地估计。品种性状可分为主要性状、次要性状、特殊性状和易变性状 4 类。

主要性状指品种所固有的不易变化的明显性状，如小麦的穗形、芒长等。

次要性状（细微性状）指细小、不易观察但稳定的性状，如小麦护颖的形状、颖嘴等。

特殊性状指某些品种所特有的性状，如水稻中的紫米（有籼粳之分）、香稻（气味）等。

易变性状指容易随外界条件的变化而变化的性状，如生育期（与积温有关）、分蘖多少（与种植早晚有关）等。

鉴定时应抓住品种的主要性状和特殊性状，必要时考虑次要性状和易变性状。鉴定品种的具体性状都是依据器官的大小、颜色、形状等鉴定。

三、田间检验报告

田间小区鉴定结果除报告品种纯度外，可能时还须填报异作物、杂草、其他栽培品种的百分率。对于规定纯度要求很高的种子,如育种家种子、原种是否符合要求,可利用淘汰值确定。如果变异株大于或等于规定的淘汰值,就应淘汰该种子批。不同纯度标准与不同样本大小的淘汰值见表 9-7。

表 9-7　不同规定标准与不同样本大小的淘汰值

规定标准 /%	不同样本(株数)大小的淘汰值						
	4 000	2 000	1 400	1 000	400	300	200
99.9	9	6	5	4	—	—	—
99.7	19	11	9	7	4	—	—
99.0	52	29	21	16	9	7	6

引自《农作物种子检验员考核学习读本》,2006。

注:"—"表示样本数目太少。

小结

　　田间检验和小区种植鉴定是最可靠的品种鉴定方法,适用于种子大田生产的质量控制和贸易的仲裁检验。田间检验通过情况调查、取样、检验来完成整个过程,小区鉴定可分为前控和后控,均需要一定的样品量。根据检查的信息,可以采取相应的生产措施,减少剩余遗传分离、自然变异、外来花粉、机械混杂和其他不可预见的因素对种子质量产生的影响,以确保生产出高质量的种子。

思考题

1. 试述种子田间检验的主要步骤。
2. 试述小区种植鉴定的意义。
3. 如何保证小区种植鉴定结果的准确性?

第十章　种子健康测定

知识目标
◆ 明确种子健康测定的目的、内容和重要性。
◆ 掌握种传病虫害的侵染及传播方式和途径。

能力目标
◆ 掌握常用种子病源物和种子害虫的检验方法。

第一节　种子健康测定目的意义

一、种子健康与种传病原物

种传病害（seed-born disease）是指在病害侵染循环中的某一阶段和种子联系在一起，其病原物附着、寄生或存在于种子表面和内部，或混杂于种子中间，主要通过种子携带而传播、能够降低种子生活力或幼苗素质的一类植物病害。种子害虫是指在种子田间生长和贮藏期间，感染和为害种子的害虫。

根据国际种子检验协会（International Seed Testing Association，ISTA）的定义，种子健康测定（seed health test）主要是测定种子是否携带有病原物、有害动物等的健康状况，如真菌、细菌、病毒、线虫和昆虫等，即对种子所携带的病虫害种类及数量进行检验，但某些生理条件，如微量元素缺乏可能与之有关。

种传病害的侵染和传播对于种子健康检测非常重要。病原物对种子的侵入、潜存、结合的方式主要有三种：①种子黏附，即病原物黏附在种子表面而没有侵染种子内部；②种子感染，指病原物侵入种子组织内部；③种子伴随性感染，即病原物组织体混杂于种子之间。不同病原物和种子的结合方式不同，同一种子病害的病原物与种子的结合方式有时也不止一种，如棉花枯萎病菌可以借助分生孢子黏附在种子短绒上，也可以以菌丝体（hypha）潜伏于种子内部。病原物和种子的结合方式决定了相应的种子健康检测检查方法。

种子病害的主要病原物侵染和传播方式简述如下。

（一）病原真菌的侵染和传播

真菌种类多，分布广，80％左右的植物侵染性病害由真菌引起。真菌性病原物一般以它的营养体或繁殖体与种子结合，结合的方式较多。常见真菌性病原物的侵染和传播类型有：

1. 病原物混杂于种子中间

种子间混有病原物或夹杂着病株残体，病害随种子传播。病原物通常和种子一起经过休眠后萌发，对寄主进行局部侵染或器官专化性侵染，如小麦、大麦、黑麦以及禾本科牧草种子中混有麦角病的麦角（即菌核），水稻稻曲病的菌核混杂于种子间，麦类全蚀病和锈病的病株残体混于寄主种子中进行病害传播。由于这些病害混入种子中的病原体或病株残体都比较大，一般可以用肉眼和过筛等方法进行检验。

2. 病原物附着在种子表面

病害真菌以无性孢子或有性孢子附着于种子表面进行病害传播，种子萌发时，黏附在表面的病原物侵入幼苗，菌丝侵入植株生长点，可以引起系统侵染；如果是侵入生长点以外的组织，则引起局部侵染。此类传播的病害很多，以分生孢子黏附于寄主种子表面的，如水稻恶苗病、麦类赤霉病、瓜类炭疽病等；以卵孢子附着在种子表面的，如小米白发病、油菜霜霉病、油菜白锈病等；还有的以菌核黏附在种子外部传播病害。此类病害可以用洗涤法进行检验，当种子上带孢子数量较多时，也可以用肉眼检验，如小麦腥黑穗病。

3. 病原物潜伏于颖或种子内部组织

病害真菌以菌丝体的方式潜入颖、种皮内或颖与种皮之间以及种皮以内的内部组织进行病害传播。病原物早期侵入后，在种子上常有不同表现或症状，随着种子萌发，菌丝体侵入，引起幼苗发病，并在病组织或病残体上产生孢子，经风、雨传播，进行再侵染，当分生孢子被传至花器或穗部，侵入颖片组织或种子内部组织。例如稻瘟病、稻胡麻叶斑病等病菌以菌丝体潜伏于颖内；大麦坚黑穗病、大麦条纹病、皮大麦网斑病等病菌以菌丝体潜伏于颖与种皮之间；裸大麦网斑病是以菌丝体潜伏于果皮与种皮之间；油菜黑胫病、黄麻炭疽病、棉炭疽病等以菌丝体存在于种皮内；麦类黑胚病的菌丝体可以深入果皮、种皮或胚的内外；稻恶苗病菌丝体潜伏于颖内或潜存于胚乳之中；马铃薯晚疫病、马铃薯疮痂病等菌丝体深入薯肉组织内部；四季豆炭疽病的休眠菌丝体潜伏于种皮或子叶内。这类病害可以用分离培养、萌芽培养、肉眼观察等方法检验。

有些病原物菌丝体潜伏于胚内，如大小麦散黑穗病，感染此类病害的种子外表与健粒没有明显差别，病原物可以随种子萌发而萌发，菌丝体随着生长点向上扩展进行系统侵染，最后又形成孢子侵染正在生长发育中的种胚。这类病害检验比较困难，一般用种植检验、整胚检验或化学染色检验。

（二）病原细菌的侵染和传播

病原细菌侵染对种子的影响有三类，一是种子发芽不良，如小麦种子受小麦黑颖病菌侵害后，麦粒秕瘦、皱缩，粒重降低，甚至麦粒完全不能形成等；二是种子腐烂，如棉铃受棉花角斑病菌侵染后，先在铃上产生水渍状病斑，病原细菌由此穿透幼铃进入种子原基，使幼嫩种子腐烂；三是种子变色，如菜豆细菌性疫病菌核细菌性晕斑病菌侵染后，在菜豆荚上形成褐色、水渍状、略凹陷的病斑。

细菌可以潜伏在种子、块茎、苗木和未被分解的病株残体存活和越冬,作为翌年的初侵染源。病原细菌通过种子传播的方式有两种,一是病原细菌黏附在种子表面,干燥条件下呈休眠状态,当种子萌发时进行侵染,如黄麻细菌性斑点病、马铃薯青枯病、棉花角斑病等;二是病原细菌潜藏在种子内部,如颖壳、胚乳或胚的内外,细菌侵入种子的途径都是由维管束通过胎座到达种子内或由珠孔进入种子内部。播种后病菌很快扩展到维管束,如水稻白叶枯病、甘薯瘟病、马铃薯环腐病和玉米细菌性萎蔫病等。细菌性病害可以采用保湿萌芽检验法、细菌溢检验法和噬菌体检验法。

(三)病毒的侵染和传播

植物病毒在种子上的带毒部位有三种类型:①种子外部传带病毒类型,即指病毒颗粒污染了种子外表,如番茄、黄瓜、西瓜和甜瓜等作物的病毒病,主要是果肉带病毒污染种子。不同植物病毒其体外保毒期不同,有的长达近百年,有的只有几个星期;②种胚外部传带病毒类型,即病毒存在于种皮或胚乳中,而不是在胚中,这种带毒方式较少,如烟草花叶病、南方菜豆病毒等是种皮带毒,胚乳带病毒的有小麦条纹花叶病毒;③种胚内部传带病毒类型,种子传染病毒多数属于这一类型。种子萌发时,病毒从胚的内部传到幼苗上,如大麦条纹花叶病毒等,主要传染途径是花粉传染和胚珠传染,在受精时传入胚中。对于病毒病,可以采用血清学检验、隔离种植试验、接种感染试验及 PCR(聚合酶链式反应)法。

(四)病原线虫(nematode)的侵染和传播

大多数线虫生活在土壤和水中,目前发现有 5 个属中的 12 种由种子传播。种传线虫往往还是种传病毒的媒介,或是与种传真菌有协同作用而有助于种传细菌和真菌病害的发生。种子携带病原线虫的方式有三种,①幼虫潜伏在种子的外表,特别是种子的微小凹陷处,如种脐、种子损伤处;②种子内部携带;③虫瘿混杂于种子中间,或是有线虫孢囊的土壤混入种子间。例如小麦线虫病的虫瘿混于种子之间,水稻干尖线虫病以成虫和幼虫在颖壳和稻粒之间,甘薯茎线虫病以卵、成虫和幼虫在种薯内,花生根结线虫病在荚果壳内进行传播。

因为种子带线虫的方式不同,检验可以采用肉眼、过筛、比重和漏斗分离等检验方法。

(五)种子害虫的侵染和传播

种子害虫包括田间侵入的害虫和收获后侵入的仓虫,其种类虽然没有病害多,但是由于一种害虫可以危害多种作物种子,如四纹豆象危害小豆、菜豆、豇豆、木豆、鹰嘴豆、扁豆、大豆和绿豆等种子,所以种子虫害并不轻于种传病害。种子害虫通常以卵、幼虫、蛹和成虫形式混于种子间、黏附于种子表面,或幼虫在种子内部进行传播。

二、种子健康测定目的和意义

种子病虫对农业生产有诸多的危害性。一是病虫害会给农业生产带来极大影响,常常造成产量降低、品质下降,甚至绝产。同时,病虫害也直接影响着种子的生产和推广。二是病虫害影响着种子的安全贮藏。病虫有时直接为害种胚;有时为害种子的其他部分,提高种堆的湿度,改变气体成分,而间接影响种子的贮藏和种子播种出苗素质。三是对人畜健康有影响。有些病虫在为害时会产生毒素,如花生黄曲霉毒素、小麦赤霉病产生的以脱氧雪腐镰刀菌烯醇

（即呕吐毒素 DON）为主的真菌毒素，对人畜毒性很大。

随着国内外种子贸易的增加，种子携带病虫害传播和蔓延的机会也随之增多，一旦种子携带的病虫害传入新的地区，将会给农业生产造成重大的损失和灾难。因此，现在的种子健康测定日益得到世界各国的重视。如今世界许多国家的种子检验室也开展和发展种子健康测定，以满足各国种子贸易的需要，保护农业生产和产品质量，防止人畜健康受威胁。

病虫害的种类很多，据统计由种子传播的病虫有 700 多种。许多病虫原先在某些国家和地区是没有的，但是随着种子的引进和传播，使得这些病虫得到传播和蔓延。棉花黄萎病是由美国引进斯字棉 4 号棉种而传入我国陕西省泾阳、三原，山西省运城一带，后在国内广泛传播，目前仍是检疫性病害之一。种子携带病虫与病虫害的远距离传播有着密切关系。搞好种子病虫检验是引种调种时防止病虫传播的一个重要手段。在良种繁育和推广工作中，种子病虫检验也是一个重要的环节。优良种子的条件之一是健康无病虫，或只是带有本地区已经有的少量病虫，决不能带有检疫性病虫。

种子健康检验的目的是检验种子样品的健康状况，并得出种子批的健康状况，从而获得比较不同种子批种用价值和种子质量的信息。通过种子健康检验可以为有效防止和控制病虫的传播蔓延提供依据，保证作物产量和商品价值；防止进口种子批病虫害带入新的地区，为国内外种子贸易提供可靠的保证；了解幼苗的价值或田间出苗不良的原因，弥补发芽试验的不足；也对种子安全贮藏起重要作用。

种子病虫检验的意义主要有以下几个方面：

（1）了解种子带病虫的种类和数量，确定种子批的使用价值、明确种子处理对象和方法，为防止病原物传播而引起的病害发生和发展、种子的安全贮藏提供依据。对本地区已有的病虫害，当种子携带病虫量多时，也不能作为种用。

（2）检测检疫性病害，在引种和调种时防止检疫性病虫传播和蔓延到新的地区和国家。

（3）评定种子批是否需要经过种子处理，以及处理后的效果，从而消除种子传病原体或减少病害传播的风险。

（4）为调查或研究目的而评估某种病害的传播和流行情况。

（5）幼苗评价并探明发芽率低的原因，弥补发芽试验的不足。

第二节　种子健康测定方法

种子健康测定方法不同所需的仪器和设备也不同；种子病害不同，针对病原物的种类及侵染传播的不同方式，采取的检验方法也不相同。

一、种子害虫检测方法

1. 染色检查

（1）高锰酸钾染色法　适用于检查隐蔽的米象、谷象。取试样 15 g，除去杂质，倒入铜丝网中，于 30℃水中浸泡 1 min 后再移入 1‰高锰酸钾溶液中染色 1 min。然后用清水洗涤，倒在白色吸水纸上用放大镜检查，挑出粒面上带有直径 0.5 mm 的斑点，即为害虫籽粒。计算害虫含量。

（2）碘或碘化钾染色法　　适用于检验豌豆象。取试样 50 g,除去杂质,放入铜丝网中或用纱布包好,浸入 1％碘化钾或 2％碘酒溶液中 1～1.5 min。取出放入 0.5％的氢氧化钠溶液中,浸 30 s,取出用清水洗涤 15～20 s,立即检验,如豆粒表面有 1～2 mm 直径的圆斑点,即为豆象感染粒。计算害虫含量。

2. 比重检查

取试样 100 g,除去杂质,倒入食盐饱和溶液中(盐 35.9 g 溶于 1 000 mL 水中),搅拌 10～15 min,静止 1～2 min,将悬浮在上层的种子取出,结合剖粒检验,计算害虫含量。

3. 软 X 射线检查

用于检查种子内隐匿的虫害,如蚕豆象、玉米象、麦蛾等,通过照片或直接从荧光屏上观察。

4. 漏斗分离检验

这种方法主要用于检验种子外部所携带的线虫,如稻干尖线虫病的病原线虫。方法是将种子用两层纱布包好,放入备好的漏斗中。漏斗口径 10～15 cm,下口接一根长约 10 cm 的橡皮管,用弹簧夹夹住。加水使种子浸没,放在 20～25℃ 的环境中浸 10～24 h,用离心管接取浸出液,在离心机内 2 000 r/min 离心 5 min,取下部沉淀液置于玻片上镜检线虫。

二、种子病原物检测方法

（一）直接检查

1. 肉眼检验

适用于:①混在种子中的较大的病原体,如麦角、线虫瘿、虫瘿、螨类、菌核、菟丝子等;②受大量孢子污染严重的种子,如小麦种子污染了大量腥黑穗病孢子;③感病后有明显病症的病粒,如小麦黑胚病的病粒。

从送验样品中分出一部分种子作为试样,放在白纸或白色搪瓷盘中,必要时可以用双目显微镜对试样进行检查,取出病原体或病粒,称其重量或计数其粒数,计算百分率。

$$病害感染率 = \frac{病粒或病原体重量(g)}{试样重(g)} \times 100\%$$

肉眼检验有一定的局限性,因为没有病症的种子不一定是健康种子;某一病害可以表现有不同的症状;不同的病害可以表现出类似的症状。

2. 过筛检验

过筛检验主要用于检查混杂在种子内较大的病原体,如菟丝子、菌核、线虫瘿和杂草种子等。利用病原体与种子大小的不同,通过一定的筛孔将病原体筛出来,然后进行分类称重。

3. 吸胀种子检查

吸胀种子检查为使实体、病征或害虫更容易观察到或促进孢子释放,把试验样品浸入水中或其他液体中,种子吸胀后检测其表面或内部,最好用双目显微镜。

4. 洗涤检查

洗涤检查用于检查附着在种子表面的病菌孢子或颖壳上的病原线虫。

分取样品两份,每份 5 g,分别倒入 100 mL 三角瓶内,加无菌水 10 mL,如要使病原体洗涤得更彻底,可以加入 0.1％润滑剂(如磺化二羧酸酯),振荡机上振荡,光滑种子振荡 5 min,粗糙种子振荡 10 min。将洗涤液移入离心管内,在(1 000～1 500)g,离心 3～5 min。用吸管吸去上清液,留 1 mL 的沉淀部分,稍加振荡。用干净的细玻璃棒将悬浮液分别滴于 5 片载玻片上。盖上盖玻片,用 400～500 倍的显微镜检查,每片检查 10 个视野,并计算每视野平均孢子数,据此可计算病菌孢子负荷量,按下式计算:

$$N = \frac{n_1 \times n_2 \times n_3}{n_4}$$

式中:N—每克种子的孢子负荷量;

n_1—每视野平均孢子数;

n_2—盖玻片面积上的视野数;

n_3—1 mL 水的滴数;

n_4—供试样品的重量。

5. 剖粒检查

取试样 5～10 g(小麦等中粒种子 5 g,玉米、豌豆大粒种子 10 g)用刀剖开或切开种子的受害或可疑部分进行检查。

(二)培养后检查

种子携带的病菌,无论是在种子表面或是潜伏在种子内部,只要在种子萌发阶段开始为害或长出病菌的,可以采取这类方法进行检验。试验样品经过一定时间培养后,检查种子内外部和幼苗上是否存在病原菌或其症状。但是对于种子所带病菌在萌发阶段或苗期不表现症状也不长出病菌和病菌孢子的病害则不能采用此方法。这类方法有萌芽检验和分离培养检验。常用的培养基有三类。

1. 吸水纸法

吸水纸法适用于许多类型种子的种传真菌病害的检验,尤其是对于许多半知菌,有利于分生孢子的形成和致病真菌在幼苗上的症状的发展。

(1)稻瘟病(*Pyriculana oryzae* Cav.) 取试样 400 粒种子,将培养皿内的吸水纸用水湿润,每个培养皿播 25 粒种子,在 22℃ 下用 12 h 黑暗和 12 h 近紫外光照的交替周期培养 7 d。在 12～50 倍放大镜下检查每粒种子上的稻瘟病分生孢子。一般这种真菌会在颖片上产生小而不明显、灰色至绿色的分生孢子,这种分生孢子成束地着生在短而纤细的分生孢子梗的顶端。菌丝很少覆盖整粒种子。如有怀疑,可以在 200 倍显微镜下检查分生孢子来核实。典型的分生孢子是倒梨形、透明、基部钝圆、具有短齿、分两隔、通常具有尖锐的顶端,大小为 20～25 μm。

(2)水稻胡麻叶斑病(*Drec hslera oryzae* Subram. & Jain.) 取试样 400 粒种子,将培养皿里的吸水纸用水湿润,每个培养皿播 25 粒种子。在 22℃ 下用 12 h 黑暗和 12 h 近紫外光照的交替周期培养 7 d。在 12～50 倍放大镜下检查每粒种子上的胡麻叶斑的分生孢子,在种皮上形成分生孢子梗和淡灰色气生幼稚丝,有时病菌会蔓延到吸水纸上。如有怀疑,可在 200 倍显微镜下检查分生孢子来核实。其分生孢子为月牙形、(35～170)μm×(11～17)μm、淡棕色至棕色、中部或近中部最宽,两端渐渐变细变圆。

(3)十字花科的黑胫病(*Leptos phaeria maculans* Ces. & de Not.) 即甘蓝黑腐病

（*Phoma lingam* Desm.）。取试样 1 000 粒种子，每个培养皿里垫入 3 层滤纸，加入 5 mL 0.25%（m/V）的 2,4-氯苯氧基乙酸钠盐（2,4-D）溶液，以抑制种子发芽。沥去多余的 2,4-D 溶液，用无菌水洗涤种子后，每个培养皿播 50 粒种子。在 20℃用 12 h 黑暗交替周期下培养 11 d。经 6 d 后，在 25 倍放大镜下，检查长在种子和培养基上的甘蓝黑腐病松散生长的银白色菌丝和分生孢子器原基。经 11 d 后，进行第二次检查感染种子及其周围的分生孢子器。记录已长有甘蓝黑腐病分生孢子器的感染种子。

2. 沙床法

适宜于某些病原体的检验。用沙时应去掉沙中杂质并通过 1 mm 孔径的筛子，将沙粒清洗，高温烘干灭菌后，放入培养皿内加水湿润，种子排列在沙床内，然后密闭保持高温，培养温度与纸床相同，待幼苗顶到培养皿盖时进行检查，需 7～10 d。

3. 琼脂皿法

主要用于发育较慢的致病真菌潜伏在种子内部的病原菌，也可以用于检验种子外表的病原菌。

（1）小麦颖枯病（*Septoria nodorum* Berk.）　先数取试样 400 粒，经 1%（W/W）的次氯酸钠消毒 10 min 后，用无菌水洗涤。在含 0.01%硫酸链霉素的麦芽或马铃薯左旋糖琼脂的培养基上，每个培养皿播 10 粒种子于琼脂表面，在 20℃黑暗条件下培养 7 d。用肉眼检查每粒种子上缓慢长成圆形菌落的情况，该病菌菌丝体为白色或乳白色，通常稠密地覆盖着感染的种子。菌落的背面呈黄色或褐色，并随其生长颜色变深。

（2）豌豆褐斑病（*Ascochyta pisi* Lib.）　先数取试样 400 粒，经 1%（W/W）的次氯酸钠消毒 10 min 后，用无菌水洗涤。在麦芽或马铃薯葡萄糖琼脂的培养基上，每个培养皿播 10 粒种子于琼脂表面，在 20℃黑暗条件下培养 7 d。用肉眼检查每粒种子外部盖满的大量白色菌丝体。对有怀疑的菌落可以放在 25 倍放大镜下观察，根据菌落边缘的波状菌丝来确定。

（三）其他方法

1. 整胚检验

大麦散黑穗病（*Ustilago muda* Rostr.）的散黑穗病菌可以用整胚检验，两次重复，每次重复试验样品为 100～120 g（根据千粒重推算含有 2 000～4 000 粒种子）。先将试验样品放入 1 L 新配制的 5%（V/V）NaOH 溶液中，在 20℃下保持 24 h。用温水洗涤，使种胚从软化的果皮里分离出来。收集种胚在 1 mm 网孔的筛子里，再用网孔较大的筛子收集胚乳和稃壳。将种胚放入乳酸苯酚（甘油、苯酚和乳酸各 1/3）和水的等量混合液里，使种胚和稃壳能进一步分离。将种胚移至盛有 75 mL 清水的烧杯中，并在通风橱里，保持在沸点大约 30 s，以除去乳酸苯酚，并将其洗净。然后将种胚移到新配制的微温甘油中，再放在 16～25 倍放大镜下，配置适当的台下灯光，检查大麦散黑穗病所特有的金褐色菌丝体，每次重复检查 1 000 个种胚。

2. 隔离种植检验

有些种子所带的病害或杂草，有时不易发现症状或病原物，需要在生长发育阶段进行病害观察或分析鉴定。隔离种植应在温室或其他极为严密的隔离区进行，并在各个生长发育阶段进行观察。

3. 接种法

测定样品中是否存在细菌、真菌或病毒等，可以在供试的样品中取出种子或进行播种，并从样品中取得接种体,对健康幼苗或植株外植体进行感染试验。应注意植株从其他途径传播感染,并控制各种条件。

4. 解剖检验

有些病害或某些病害的初发阶段,在种子或无性繁殖材料的表面无明显症状,诊断比较困难,这种情况下可以采用解剖检验的方法进行鉴定。如马铃薯环腐病在初发阶段,病薯外表没有明显症状,剖开薯块,用手挤压,可以看见维管束处溢出菌脓,挑取菌脓,制成玻片,高倍显微镜下可以看见病原细菌。小麦线虫病的虫瘿和小麦腥黑穗病的菌瘿均可解剖后结合镜检检验。小麦线虫病的虫瘿内含白色丝状物,即线虫;小麦腥黑穗病的菌瘿内含有大量黑粉状的厚垣孢子,并且有腥臭味。

5. 噬菌体检验

噬菌体(bacteriophage)是一种感染细菌和放线菌的病毒,在自然界广泛存在,凡是有大量细菌的场所,几乎都有它的噬菌体存在。由于噬菌体能造成寄主细菌的破裂和溶解,所以在固体培养基上造成许多透亮的无菌空斑,即噬菌斑,所以可以根据噬菌斑的有无和多少,反映出种子是否带有噬菌体的寄生细菌。

方法是称取一定重量的种子,根据其传播方式,取其带病的部位磨碎,加入适量无菌水,浸泡 $0.5 \sim 1$ h,并不断搅拌,滤纸过滤,取滤液 1 mL,三次重复分别放入三个培养皿中,加入 1 mL 指示菌液(大约 9 亿个菌/mL)混匀,$3 \sim 5$ min 后加入 10 mL 溶化并冷却至 $45 \sim 50℃$ 的固体平板培养基,放入 $25 \sim 28℃$ 的恒温箱中培养 $10 \sim 12$ h,观察噬菌斑数。

在进行噬菌体检验时注意指示菌要纯,指示菌要和样品中的噬菌体对应,可采用几种菌株混合指示菌的方法。

6. 免疫学检测法

植物病原细菌、真菌、病毒和类病毒等病原物是很好的免疫原或抗原,用它制备的抗体广泛地用于各种类型的检测。其血清学测定方法已广泛应用于种传病毒测定。如免疫双扩散已应用于测定番茄种子上的烟草花叶病毒;乳胶凝集反应已应用于大豆花叶病毒感染的种子健康测定;毛细管琼脂凝胶双扩散用来检测南芥菜花叶病毒;毛细管乳胶凝集反应可测定大麦条纹花叶病毒。酶联免疫吸附试验(ELISA 法)也广泛用于多种作物种子病毒的测定。其突出的优点是:①可检出微量病毒,灵敏度极高,可检出病毒的最低量为 1 ng/mL;②所需反应物量少,每 1 mL 抗血清可测定 10 000 个样品;③方法简便,工作效率高,1 人 1 d 可做 1 000 个样品,而且可同时测定数种病毒。

7. 分子检测法

聚合酶链式反应(PCR)用于体外扩增 DNA 片段具灵敏、特异、快速、简便等诸多优点,已经在分子生物学、微生物学、医学及遗传学等领域得到广泛应用。在种传病害研究中,PCR 已经应用于植物病原真菌、细菌、线虫的鉴定以及植物病毒、类病毒等病害的诊断检测。PCR 方法检测灵敏度比血清学方法大大提高,可从 1 pg 的基因组 DNA 中检测出致病菌,而 Real-timePCR 对靶标片段 DNA 的检测灵敏度可达到 1 fg/μL,检测的灵敏度可达 pg/fg 水平,准确度也进一步提高了。其基本流程是提取基因组 DNA 或经反转录得到 cDNA、设计特异引物、扩增特异片段、检测和分析特异片段。目前已经可以检测小麦、水稻、大豆、玉米、马铃薯、甘薯、甘蔗等农作物的多种病原物引起的病害,如小麦土传花叶病毒(WSBMV)、水稻东格鲁杆状病毒(RTV)、大麦云纹病菌(*Rhync hosporium secalis*)、甘蔗花叶病毒、甘蔗白叶病菌等。

三、种子健康检验应注意的问题

1. 测定方法

种子健康检验有多种不同的测定方法,但是其准确性、重复性以及设备所需费用有差异。应用哪种方法取决于所研究的病原菌、害虫、研究条件、种子种类和测定的目的。同时,在选择方法和评定结果时,检验者应掌握被选择方法的有关知识和经验。例如未经培养的检验,其结果就不能说明病原菌的生活力,是否具有再侵染能力。对已经处理过的种子,应要求送检者说明处理的方式和所用的化学药品。

2. 试验样品

用于种子健康测定的试验样品量可以根据测定目的和方法确定,有时是用净种子,有时是用送验样品的一部分,一般来说,用于分离培养鉴定种子病害,可用净种子,不少于 400 粒。肉眼直接检验种子中较大的病原体和散布于种子间的害虫时,可用送验样品的一部分,在每次换新的送验样品前,对所用过的分样器及其他容器用具等都必须经过酒精火焰灭菌,或充分洗涤烘干等灭菌手段处理,防止病菌从一批样品污染到另一批样品,以保证检验结果的正确性。

3. 结果计算和报告

结果用供检的样品重量中感染种子数的百分率或病原体数目表示结果。填报结果要填写病原菌的学名,同时说明所用的测定方法,包括所用的预措方法,并说明用于检验的样品或部分样品的数量。

第三节　常见种子病害的检验

不同作物的不同病害其检验方法是不同的,要根据种子病害的传播方式和病原菌的特点进行检验。下面介绍几种作物种子病害的检验方法。

一、麦类

1. 大、小麦散黑穗病

属花器侵染。病原菌潜伏在胚部,外表无症状。可用分离培养检验、整胚检验和种植检验。

2. 小麦腥黑穗病

病粒由于内含厚垣孢子,常常形成较短小的菌瘿,种子外表常常携带病菌孢子。可用洗涤检验、肉眼检验。

3. 小麦矮腥黑穗病

是一种危险性很大的病害,是我国对外检疫的重要对象之一,检疫方法同腥黑穗病。

4. 小麦秆黑粉病

种子黏附厚垣孢子传播。可以用洗涤检验。

5. 麦类赤霉病

病粒颜色苍白,有时略带青灰色,腹沟或表皮带有淡红色粉状物。可以用肉眼检验和分离培养检验。

6. 小麦线虫病

病粒线虫虫瘿,比健粒小而硬,内包白色絮状物。可以用肉眼检验,结合解剖镜检。

7. 麦类全蚀病

主要是种子夹杂病害残株进行传播。可以对种子夹杂的残屑组织进行分类培养或种植检验。有"黑脚",即茎基部有黑色病斑,且根组织中有菌丝,可以用乳酚油(苯酚 10 g,乳酸 10 mL,甘油 20 mL,蒸馏水 10 mL)透明检查。

8. 小麦颖枯病

分生孢子器生于寄生组织内部或表面,分生孢子也可以黏附于病粒表面。可以用洗涤检验和分离培养检验。

9. 小麦黑胚病

病原菌以菌丝体潜伏于种子内部,致使胚部成黑褐色,分生孢子也可以附着于种子表面越冬。可以用肉眼检验和洗涤检验。

10. 麦类麦角病

病粒呈紫黑色长角形菌核,叫作麦角。可以用过筛检验和肉眼检验。

11. 大麦条纹花叶病

系病毒为害,麦粒瘦小干缩,可以用隔离种植检验。

12. 大麦条纹病

病粒皱缩无明显症状,病丝沿糊粉层扩展,而不侵入内部,可采用分离培养、萌芽检验和种子检验。

二、玉米

1. 玉米干腐病

籽粒皱缩,重病粒基部或全粒上有许多小黑点。此病以病粒携带病菌和分生孢子传播。可以用萌芽检验,种子上产生白色绒毛状菌层,以后产生小黑点。

2. 玉米丝黑穗病

此病以厚垣孢子黏附在种子上进行传播。检查方法有洗涤检验和萌芽检验。

3. 玉米小斑病与圆斑病

病粒上常常有一层黑霉,种子发黑。可以用分离培养检验和萌芽检验。

4. 玉米黑穗病

此病主要以厚垣孢子黏附在种子上进行传播。可以用洗涤检验。

5. 玉米细菌性萎蔫病

是对外检疫对象。籽粒通常皱缩和颜色加深,种子内部或外部带菌进行传播。可以用肉眼检验和隔离种植检验。

三、水稻

1. 稻瘟病

轻病粒无明显病症,重病粒谷壳上呈椭圆形病斑,中间灰白色,有的整个病斑呈黑褐色。主要通过谷粒内携带菌丝进行传播。可以用萌芽检验(产生灰绿色霉层)、分离培养检验和洗涤检验。

2. 水稻白叶枯病

是细菌性病害,目前仍是对内检验对象。谷粒上一般没有明显症状,以谷粒和病草传播。可以用噬菌体检验,萌发结合喷菌现象检验。

3. 稻胡麻叶斑病

病粒上常常有黑褐色圆形或椭圆形病斑。早期感病的病粒水选时上浮,病粒内携带菌丝体或分生孢子附在种子上传播。可以用肉眼检验、分离培养和萌芽检验。

4. 水稻恶苗病

轻病粒在基部或尖端变为褐色,病重粒全为红色,一般颖壳接缝处有淡红色粉状霉。种子胚乳颖壳可带菌丝,孢子也可以黏附在种子表面传播。可以用肉眼检验、分离培养和洗涤检验。

5. 稻曲病

病粒为墨绿色或橄榄色,比健粒大 3~4 倍,中心为白色肉质菌丝组织。病害以病粒和黏附在健粒上的厚垣孢子传播。可以用肉眼检验和洗涤检验。

6. 稻条叶枯病

病粒没有明显症状,主要以病粒中携带的菌丝进行传播。可以用分离培养和萌芽检验。

7. 稻一柱香病

种子内带菌或外黏附病菌。可以用种植检验。

8. 稻粒黑粉病

病粒部分或全部被破坏,露出黑色粉末,常常在外颖线处开裂伸出红色或白色舌状物或内外颖间开裂伸出黑色角状物。可以用肉眼检验、洗涤检验、萌芽检验。

9. 稻秆尖线虫病和茎线虫病

成虫潜伏于谷粒的颖壳和米粒之间。可以用漏斗分离检验。

四、棉花

1. 棉花炭疽病

棉籽受害后种皮上有褐色病斑,棉绒变为灰褐色。主要以黏附在棉籽内外的菌丝体及分生孢子传播。可以用萌芽检验和洗涤检验,萌芽检验时常常在种子上形成橘红色黏质物。

2. 棉花红腐病

病铃的棉纤维腐烂成为僵瓣。主要以分生孢子附于棉种短绒上或以菌丝潜伏在种子内部进行传播。可以用分离培养检验、萌芽检验和洗涤检验。

3. 棉花轮纹斑病

病粒没有明显症状,病害除土壤传播外,还可以通过种子带菌传播。可以用洗涤检验和萌芽检验。

4. 棉花枯萎病

是一种危险性病害,是对内对外的检疫对象,可以通过种子带菌进行远距离传播,采用分离培养检验。具体方法是硫酸脱绒后流水下冲洗 24 h,然后取出,置于灭菌的琼脂培养基上,21~24℃下培养 15 d,剪下种芽,镜检种子是否有镰刀菌。如果有,可以在普通培养基上分离纯化菌种,再进行病原菌鉴定;如不能确定,可以在无菌幼苗上进一步接种检验。

5. 棉花黄萎病

是一种对内对外的检疫性病害,和枯萎病一样,可以通过种子进行远距离传播。检验此病,可以用分离培养检验。具体做法是:先用浓硫酸脱绒 5~10 min,然后流水冲洗 24 h,再在琼脂培养基上培养 10~15 d 后,用低倍镜检验种子有无轮生孢子梗及分生孢子存在。

6. 棉花角斑病

是一种细菌性病害。病菌多数附在棉籽表面的绒毛上进行传播。可以用培养萌芽结合镜检进行检验。

五、大豆

1. 大豆紫斑病

感病种子呈深浅不同的紫斑,重病粒有时龟裂。有时病斑呈黑色及褐色,病菌主要以菌丝体潜伏在种内传播。可以用肉眼检验和萌芽检验。萌芽检验是在 25℃条件下 3~4 d,产生黑灰色粉质霉。

2. 大豆赤霉病

病粒常为白色菌丝缠绕而腐烂,表面生有白色或粉红色状物。可以用肉眼检验、萌芽检验和分离培养检验。

3. 大豆炭疽病

病粒有暗褐色病斑。可以用萌芽检验、分离培养和肉眼检验。

4. 大豆灰斑病

病粒上的病斑轻者产生褐色斑点,重者呈圆形或不规则形,边缘暗褐色,中部为灰色。可以用肉眼检验、分离培养和萌芽检验。

5. 大豆萎蔫病

轻病粒仅脐部变褐,重病粒脐部及周围变褐,豆粒皱缩干瘪。可以用肉眼检验、分离培养和萌芽检验。

6. 大豆芽枯病

是病毒引起的,以种子带毒为主。可以采用隔离种植检验。

7. 大豆褐纹病

病菌可以通过种子携带传播。检验此病可以用分离培养和萌芽检验。

8. 大豆霜霉病

病粒的全部或大部均黏附着有块状的灰白色霉层。病菌以卵孢子通过种子传播。可以用洗涤检验。

9. 大豆菟丝子

是一种寄生杂草,能随种子作远距离传播。可以用过筛肉眼检验。

六、花生

1. 花生根结线虫病

荚果上有褐色凸起,凸起松软。可以用肉眼检验结合镜检。

2. 花生黑斑病和褐斑病及黑霉病

都是以分生孢子附在荚果表面传播。可以用洗涤检验、培养萌芽检验。

3. 花生茎腐病

侵染来源主要是病株残体,其次是带病的种仁。可以用培养萌芽检验。

小结

种子健康是种子质量的重要指标之一。通过种子健康测定,可以了解种子是否携带病原菌(如真菌、细菌及病毒)和有害的动物(如线虫及害虫),并可根据测定结果,有针对性地采取措施对种子进行处理,这样可大大减轻种传病害的发生,同时还可以减少农药的使用。农业生产采用健康的种子播种,是确保种植业取得优质、高产的基础。

思考题

1. 种传病害的侵染和传播途径是什么?
2. 试述种子病源物检测的方法。
3. 吸水纸法如何检测稻瘟病?

第十一章 转基因种子特性鉴定

知识目标

◆ 明确转基因品种鉴定的意义和重要性。

◆ 掌握转基因品种标签管理。

◆ 掌握转基因品种鉴定的原理。

能力目标

◆ 掌握转基因品种 DNA 检测操作方法。

第一节 概述

一、转基因品种鉴定的重要性

经转基因技术修饰的生物体被称为"遗传修饰过的生物体"（genetically modified organism，GMO）。随着生物技术产品（转基因品种）的问世，植物转基因品种鉴定问题日益突出。随着植物转基因品种的不断育成和商业化应用，种子质量检测出现了新挑战，即植物转基因品种种子的鉴定问题。

随着全球和我国植物转基因品种的推广应用，种子市场必然会出现以假冒真或劣质转基因品种的高价销售问题。这就需要对种子市场的转基因品种进行真假鉴定。同时由于转基因品种随繁育世代的增加而发生遗传稳定性的变化，如基因分离、漂移等现象，使转基因品种纯度降低，所以，当今种子质量监督检测中对植物转基因品种进行真实性和纯度鉴定是十分必要的。

二、转基因作物的发展

国际农业生物技术应用服务组织发布的全球/转基因作物使用情况研究报告显示，2014年全球转基因作物种植面积为 1.815 亿 hm^2，比 2013 年增加了 600 万 hm^2（表 11-1）。2014年 28 个种植转基因作物的国家中，20 个为发展中国家（包括新加入的孟加拉国），8 个为发达国家。排名前十位的国家转基因作物种植面积均超过 100 万 hm²，其中 8 个为发展中国家。世界人口的 60% 即约 40 亿人居住在这 28 个转基因作物种植国家中。美国以 7 310 万 hm² 的种植面积领先全球，种植面积比 2013 年增加了 300 万 hm²（增长率 4%）。

表 11-1　全球转基因作物栽培面积的发展　　　　　$\times 10^2$ 万 hm²

年份	面积	年份	面积
1996	1.7	2006	102.0
1997	11.0	2007	114.0
1998	27.8	2008	125.0
1999	39.9	2009	134.0
2000	45.2	2010	148.0
2001	54.2	2011	160.0
2002	60.7	2012	170.3
2003	67.3	2013	175.0
2004	81.0	2014	181.5
2005	90.0		

引自 ISAAA，2014。

三、转基因种子标签管理

为维护种子使用者的知情权和选择权；加强对转基因种子的检测、监控和管理，及时发现任何与转基因农产品有关的过敏源和疾病，长期跟踪转基因种子对人体健康、生态安全的影响，除一般商品种子标签管理要求外，转基因种子在下列方面增加了要求。

（一）农业转基因生物安全证书编号

《农业转基因生物安全管理条例》第十七条规定，转基因植物种子，在进行品种审定前，应当取得农业转基因生物安全证书。《农作物种子标签管理办法》第五条、《农作物种子标签通则》5.2.3 条规定，转基因种子应当标注农业转基因生物安全证书编号。格式为"农基安证字（××××）第×××号"，其中括号内的 ×××× 为年号，第×××号中的为序号。

（二）品种审定编号

《农业转基因生物安全管理条例》第十九条规定，不管是否属于主要农作物还是非主要农作物，凡是转基因品种都需要经过品种审定。《农作物种子标签管理办法第五条》第一款规定，主要农作物应当标注品种审定编号。通过转基因品种审定的品种，视同为主要农作物。《农作物种子标签通则》（GB 20464—2006）5.2.3 条明确规定在种子标签上标注转基因种子审定编号。

（三）种子生产许可证编号

《农业转基因生物安全管理条例》第十九条规定，不管是否属于主要农作物还是非主要农作物,都需到农业部办理转基因种子生产许可证。通过转基因种子生产许可的,视同为主要农作物,在种子标签上标注转基因种子生产许可证编号。

(四)转基因种子文字标识与说明

《农业转基因生物安全管理条例》第二十九条、《农业转基因生物标识管理办法》第六条、《农作物种子标签管理办法》第五条、《农作物种子标签通则》5.2.3条规定,销售和进口的转基因种子,应当标明"转基因"或"转基因种子"。

《农业转基因生物安全管理条例》第八条规定,转基因生物的标识实行目录管理。《农业转基因生物标识管理办法》公布了第一批实施标示管理的农业转基因生物目录,明确目前转基因种子的范围包括大豆、玉米、油菜、棉花、番茄5种作物种子。

《农业转基因生物安全管理条例》第二十八条规定,在中华人民共和国境内销售列入农业转基因生物目录的农业转基因生物,应当有明显标识。列入农业转基因生物目录的农业转基因生物,由生产、分装单位和个人负责标识;未标识的,不得销售。经营单位和个人在进货时,应当对货物和标识进行核对。经营单位和个人拆开原包装进行销售的,应重新标识。

《农业转基因生物安全管理条例》第五十二条规定,违反本条例关于农业转基因生物标识管理规定的,由县级以上人民政府农业行政主管部门依据职权,责令限期改正,可以没收非法销售的产品和违反所得,并可以处1万元以上5万元以下的罚款。

《种子法》第六十二条规定,经营的种子应当包装而没有包装的;经营的种子没有标签或标签内容不符合本法规定的;伪造、涂改标签的,由县级以上人民政府农业行政主管部门责令改正,并处以一千元以上一万元以下罚款。

第二节　检测方法

国际种子检验协会(ISTA)对于转基因检测方法的规定采用了一种全新的方法,这种方法称为"以性能为基础检测方法"。以性能为基础的检测方法意味着检验室可以研发和(或)使用一种在国际种子检验规程中还未公布的方法,并且一旦当检验室通过性能数据正式认可该方法后,就可以申请国际种子检验协会授权使用该检测方法。

种子检测室签发转基因种子结果报告,必须满足:检测室必须达到国际种子检验协会种子检验室认可标准系列文件所规定的认可资格要求;通过性能认可的方法仅限于对指定特性的检测;技术能力评价包括参与能力验证和检测方法性能认可的数据;只有依照相关性能数据评价文件对以性能为基础的检测方法进行评价后,认可才会授权。

目前常用大田作物(玉米、大豆和棉花等)转基因(GM)种子检测方法主要有PCR定性和定量分析,酶联免疫检测(ELISA)和生物测定(表现型性状生化检测等)。GM种子与非GM种子在其遗传基因、蛋白质和表现型性状等方面存在差异。GM种子,由于插入特定基因(包括目的基因和报告基因等),这种插入基因的DNA序列就可能产生不同蛋白质而出现有利性状,例如耐除草剂或抗虫性等。

在不同水平上测定GM种子,所设计不同方法具有不同的特点。PCR是一种灵敏的高技术方法,它能检测导入 DNA 的种子里存在的特定 DNA 序列。ELISA 是用于检测特定蛋白质的存在。这种蛋白质是通过遗传工程整合到植物里的基因所表达的产物。生物表现型检测是测定 GM 种子特定表达的表现型性状,例如耐除草剂或抗虫性等。

一、生物表现型检测

生物表型检测需做发芽试验,培育幼苗,观察幼苗是否具有 GM 的特定性状(如抗虫或耐除草剂等),而非 GM 幼苗在除草剂处理的培养基上则受伤或死亡,从而区分出耐除草剂的 GM 幼苗。该方法是将种子播种在经特定除草剂处理的固体发芽床上发芽,观察幼苗伤害情况。因此测定的正确性取决于种子发芽率。但重要的是选用适合的发芽方法,以确保全部有生活力种子均能发芽。高发芽率可增加测定的置信水平。并且测定计划中应设置阴性和阳性性状种子,以作为对照。检测水平和定量精度取决于测定种子数量。通常每个样品测定 400粒种子,即可达到 1% 水平定量精度的 95% 置信度。生物表型检测方法的优点是可利用现有种子实验室的设备和经验,而成本低,并且利用特定性状鉴定 GM 种子非常正确,不仅可测定转基因的基因产物,而且可判定其生物活性。但其缺点是只能测定活的发芽种子,还需每个性状(如耐除草剂与抗虫)分开测定,并且每个测定至少需 7 d,不能直接从种子测得结果,只能测定幼苗的结果。特别测定抗虫性状就更麻烦,需较长的生长期间,以产生较为有效的叶片喂虫。

二、特异蛋白质检测

1. 酶联免疫检测

ELISA 是一种免疫化学测定,它是利用遗传改良作物导入基因所产生蛋白质的定量测定。其重要成分是 GM 高度特殊蛋白质的抗体。该法可定性和定量测定种子样品所提取的 GM 蛋白质。其方法是将 GM 蛋白质的抗体吸附在 ELISA 微孔板(microtiter plate)上作为固相,将从种子样品提取的蛋白质溶液加到微孔板,温育使抗体与靶蛋白联合,然后将微孔板洗涤。再将用于测定抗体与 GM 蛋白质之间反应的第 2 个蛋白质抗体加入微孔板。第二抗体与酶偶联的作用可形成一种检测信号的标记。如存在 GM 蛋白质,则可形成一种颜色产物,这就可用分光光度测定,或肉眼确定。测定极限为在 1 000 粒中少于 1 粒种子。利用已知浓度 GM 蛋白质标准和阴性对照与样品比较就可实现定量测定。查对预先制备已知浓度靶蛋白的标准曲线,就可估测 GM 蛋白质数量。ELISA 的优点是比 PCR 节省成本,且比 PCR和生物表现型测定快。包括样品准备(种子样品磨碎和 GM 蛋白质提取)时间在内数小时就可获得结果,并高度专化,分析样品仅需简单准备。但是变性蛋白质(如食品加工所引起变质)由于不能与抗体结合而引起测定困难。ELISA 与 PCR 方法比,较少出现假阳性的风险。由于 ELISA 不能判别不同转基因之间不同表达形式和类型,因此每个性状需分开测定。

2. 横向侧流条测定

横向侧流条测定(lateral flow strip)是一种快速稳定的定性测定,检查 GM 蛋白质是否存在。其方法是利用试剂盒的带有抗体的纸条或塑料浆片直接浸一下样品提取液。如果样品提取液中存在 GM 蛋白质,试纸上抗体与 GM 蛋白质之间就会发生反应,引起横向流式纸条颜色的变化,而确定 GM 蛋白质的存在。如果测定程序是适合的,那么测定界限小于 0.15%。该方法简单,易操作。目前针对不同转基因作物中特意表达的蛋白质,许多公司设计了专一方法和商用试剂盒,如 Monsanto 等公司针对转 EPSPS(莽草酸羟基乙酰转移酶)的抗草甘膦大豆和油菜(商品名 Roundup Ready)以及转 Bt 基因(Cry9c)的抗虫玉米就研发出专一检测试剂盒(如 Star2link 等)。

三、DNA 检测

(一)定性 PCR 测定

迄今,最好的定性 GM 种子分析方法是利用 PCR 测定导入作物植株基因的特定 DNA 序列是否存在。PCR 可对插入两个已知 DNA 序列之间的特定 DNA 序列进行特别和灵敏的扩增(多重)。通常,导入的基因结构(基因卡盒)由 3 部分构成:启动子(Promoter)、结构基因(Structuralgene)、终止子(Terminator)。在测定前,至少应该知道这 3 种中的任何 1 种,PCR 就能用于测定其中任何 1 种基因,或者来自启动子和终止子 DNA 标记。但是,是否进行这种特别测定还取决于下列情况:

(1)一般 GM 存在的筛选,可利用普通 DNA 序列确定的引物,例如 CaMV35S 启动子或来自冠瘿(*Agrobacterieum tumefasciens*)的 NOS 终止子。35S 启动子基因通常用于 GM 植物(如耐除草剂大豆、抗虫 Bt-176 和 Bt-11 玉米)检测。定性 PCR 结果可能出现阳性或阴性反应,阳性反应表示 GM 存在。但是,这种方法不能区分作物确实也感染 CaMV,还是存在 GM 种子,因为上述情况可能引起潜在假阳性问题。

(2)为了更精确地鉴定 GM 作物,就需要更多的有关信息,如插入的 DNA 序列,以便检测特定基因构造(两段 DNA 区段之间的 DNA 序列)或特定因子(在整合位置的 DNA 序列)。每种 GM 作物在作物植株 DNA 和插入 DNA 之间的连接是特定的。鉴定这种连接就可检测导入基因及其数量。

PCR 基本测定主要包括 3 个步骤:DNA 提取和纯化,插入 DNA 的 PCR 扩增,PCR 扩增产物存在的电泳确认。每个步骤均会影响测定结果的可靠性和灵敏度,因此,全部 3 个程序都应在最佳状态下操作。

种子样品磨碎应达到特定细度,以确保靶 DNA 在样品中均匀分配。从种子样品提取 DNA 时应加细胞壁溶解物质。这种物质是一种变性核酸裂解酶,能够溶解细胞壁及膜。但是要提取全部 DNA 是有困难的。其中重要的问题是在提取期间 DNA 不能被降解,并应除去与化学污染结合的 DNA。在测定时,为了控制适当的反应,需要设置一个空白样品,一个阴性对照(常规大豆 DNA)、一个 PCR 阳性对照(如耐除草剂大豆)和一个 PCR 空白(没有 DNA)。大多数 PCR 基本 GM 分析也包括设置一种作物种特定参照基因作为阳性对照引物。在所有样品分析中,利用这种阳性对照,以确保 DNA 准备期间没有 PCR 抑制物存在,保证测定的可靠性。PCR 扩增,是一种 DNA 拷贝酶(DNA 聚合酶)的酶反应,以期大量增加靶 DNA 序列的浓度,以便明显和可靠检出。

(二)定量 PCR 测定

定量 PCR 测定有几种方法。主要有:竞争 PCR(competitive PCR)与实时定量 PCR(real-time quantitative PCR)。

1. 竞争 PCR

竞争 PCR 根据目的序列合成一种突变的 DNA 序列作为竞争模板,竞争模板与目的序列十分相似,可共用一套引物,根据扩增后这两种 DNA 的含量和已知的竞争模板起始 DNA 浓度,确定目的模板的起始 DNA 浓度。

2. 实时定量 PCR

实时定量 PCR 是在定性 PCR 技术基础上发展起来的核酸定量技术。实时定量 PCR 技术于 1996 年由美国 Applied biosystems 公司推出,它是一种在 PCR 反应体系中加入荧光基团,利用对荧光信号积累的实时检测来监测整个 PCR 进程,最后通过标准曲线对未知模板进行定量分析的方法。PCR 扩增时在加入一对引物的同时加入一个特异性的荧光探针,该探针为一寡核苷酸,两端分别标记一个报告荧光基团(reporter)和一个淬灭荧光基团(quencer)。探针完整时,报告基团发射的荧光信号被淬灭基团吸收;PCR 扩增时,Taq 酶的 $5'-3'$ 外切酶活性将探针酶切降解,使报告荧光基团和淬灭荧光基团分离,从而荧光监测系统可接收到荧光信号,即每扩增一条 DNA 链,就有一个荧光分子形成,实现了荧光信号的累积与 PCR 产物形成完全同步。

该技术不仅实现了对 DNA 模板的定量,而且具有灵敏度和特异性高、能实现多重反应、自动化程度高、无污染、实时和准确等特点,目前已广泛应用于分子生物学研究和医学研究等领域。该方法不需进行电泳,计算机将直接记录和告知结果。这种测定灵敏度很高,能测出作物遗传材料里 1 个或几个基因拷贝,这是该测定方法的重要优点。但其主要缺点是花时间(需 $2\sim3$ d),并且成本高,PCR 容易出现假阳性结果。还有每个性状需分开测定。到目前为止,由于转入基因和作物的种类繁多,尚难有统一的转基因种子检测标准方法。

(三)检测流程

基于 PCR 的 GM 种子检测一般流程为:①根据 ISTA 规程扦样;②选择测定方法和测定方案;③准备工作样品;④磨粉并混匀;⑤取粉样;⑥DNA 提取;⑦DNA 量化;⑧PCR 定性或定量分析;⑨评价和报告结果。

(四)结果分析

(1)用作物的内标基因对 DNA 提取液进行 PCR 检测,阴性对照、阳性对照和检测样品都应被扩增出。如未扩增出,则说明在 DNA 提取过程中未提取到可进行 PCR 检测的 DNA,或 DNA 提取液中有抑制 PCR 反应的物质存在,应重新提取或者更换 DNA 提取方法。

(2)两份平行试验样品的结果应保持一致。如果一个试验样品的结果为阳性而另一个为阴性时,应重新检测。

(3)如果阳性对照的 PCR 反应中,所有目标基因均得到了扩增,且扩增片段大小与预期片段大小一致,而在阴性对照中仅扩增出物种内标基因片段,空白对照中没有任何扩增片段,表明 PCR 反应体系正常工作。否则,表明 PCR 反应体系不正常,需要查找原因重新检测。

(五)结果填报

1. 检测结果为阳性的样品结果填报

送检种子样品数量大于 n:从该种子样品取 n 粒种子进行混合检测,在检测下限为 0.1%

情况下检出×××基因的目标序列。

送检种子样品数量小于 n：该种子样品进行全部混合检测，在检测下限为 0.1% 情况下检出×××基因的目标序列。

2. 检测结果为阴性的样品结果填报

送检种子样品数量大于 n：从该种子样品取 n 粒种子进行混合检测，在检测下限为 0.1% 情况下未检出×××基因的目标序列。

送检种子样品数量小于 n：该种子样品进行全部混合检测，在检测下限为 0.1% 情况下未检出×××基因的目标序列。

小结

随着分子生物学、植物基因工程的不断发展，利用转基因技术获得的新种质和新品种越来越多，随之也带来植物转基因品种鉴定的问题。利用分子检测法、生化检测法和表型性状鉴定法可对植物转基因品种进行鉴定，但是目前尚无统一的、标准的鉴定方法。

思考题

1. 试述转基因种子鉴定的意义。
2. 中国对转基因种子标签有哪些规定？
3. 简述转基因种子检测的方法和流程。

第十二章　种子检验主要仪器及实用技术

知识目标
◆ 了解种子检验室及其设备。
◆ 掌握种子检验仪器的使用和维护方法。

能力目标
◆ 掌握填写种子质量检测报告。

第一节　种子检验室及其设备

一、种子检验室的准备

种子检验室应有与从事种子检验事务管理、检验工作、仪器设备使用、样品保管、化学药品保管、档案保管等要求相适应的固定场所,检验室面积一般不得小于 $100~\text{m}^2$。

(一)检验室的布局

检验室应该有足够进行操作和必要移动的空间,便于检验工作开展。对互有影响或者互不相容的区域应进行有效隔离,必要时明示需要控制的区域范围。

根据种子检验工作的特点,通常将种子检验室的总体布局分为 4 个区:一是事务管理区,包括办公室、档案室和接样室,主要用于日常办公、样品接收和登记、编制检验报告、资料档案保管等;二是物理、生理质量检测区,包括分样室、净度分析室、水分测定室、发芽准备室、发芽室、恒温发芽室、天平室,主要用于分样、净度分析、其他植物种子数目测定、水分测定、发芽率检测、重量测定等;三是生理生化检测区,包括真实性和纯度检测室、转基因种子检测室、四唑测定室,主要用于种子室内真实性和纯度的生化技术检测、生物技术检测、转基因成分检测、生活力测定等;四是贮藏区,包括样品保管室、药品管理室,用于样品、药品、试剂的保管和贮藏。

(二)检验室的水电要求

检验室的电气线路和管道必须布局合理,能够满足检测工作的需要,并符合安全要求。设计时应充分考虑大功率仪器设备对电力负荷的要求,要安装足够的电源插座方便检测工作的开展,有稳定的电源供应,停电时有后备电源及时供电。进水管的布置要方便工作,排污管必须能够防止酸碱的腐蚀,并单独布置。

(三)检验室环境要求

检验室环境要求应确保环境条件满足检验工作需要并确保安全,不会影响检验结果有效性或者对检验质量产生不良影响。

(1)检验场所应有良好内务管理,室内采光充足、洁净整齐。

(2)有预防超常的温度、湿度、灰尘、噪声、振动、电磁干扰或者相互作用等情况发生的保护措施。

(3)水分测定室、天平室应备有恒温、恒湿装置,安装适宜的设备进行监测、控制和记录。

(4)配备消防设施。

二、检验仪器种类

检验室应配备进行扦样、样品制备、检验、贮存、数据处理与分析等种子检验工作所需的仪器设备。通常根据检验项目的不同将检验仪器分为常规检验仪器和生化检验仪器,常规检验仪器又分为扦样分样仪器、水分测定仪器、净度分析仪器、发芽率检测仪器和称重仪器;生化检验仪器又分为生活力测定仪器、真实性和纯度检验仪器。

(1)扦样分样仪器　主要包括单管扦样器、双管扦样器、长柄短筒圆锥形扦样器、自动扦样器、钟鼎式分样器、横格式分样器、离心式分样器等。

(2)水分测定仪器　主要包括电动粉碎机、电热鼓风干燥箱、玻璃干燥器、样品盒、磨口瓶、干湿度仪、便携式水分测定仪等。

(3)净度分析仪器　主要包括电动筛选器、种子净度分析吹风仪、种子净度工作台、体视显微镜(解剖镜)、放大镜、镊子、毛刷等。

(4)发芽率检测仪器　主要包括电动数粒仪、数种板、真空吸种置床器、种子发芽箱、种子发芽室、发芽纸、发芽盒等。

(5)重量测定仪器　主要包括电子秤、电子天平等。

(6)生活力测定仪器　主要包括电热恒温箱、冰箱、种子老化箱、电导仪等。

(7)真实性和纯度检验仪器　主要包括单粒种子粉碎器、纯水系统、离心机、酸度计、电泳仪、电泳槽、紫外分析仪、凝胶成像系统、超净工作台、基因扩增仪、移液器、恒温振荡器、旋涡混合器、超低温冰箱等。

第二节 检验仪器使用和维护

一、主要仪器使用方法

1. 单管扦样器

见第一章。

2. 双管扦样器

见第一章。

3. 长柄短筒圆锥形扦样器

见第一章。

4. 钟鼎式分样器

见第一章。

5. 横格式分样器

见第一章。

6. 电动粉碎机

电动粉碎机由进料器、磨室、机体、机座和样品盒组成。通过叶轮的高速旋转及其与磨圈的压挤,在规定时间内将进入磨室的种子充分碾磨至规定粒径的颗粒,并经过 0.5 mm、1.0 mm 或 4.0 mm 孔径的筛片筛理到样品盒内完成制样。

(1)打开电动旋风磨电源开关,启动机器,检查机器是否处于正常工作状态。

(2)检查机器使用的筛网筛孔是否是待检样品粉碎适宜的筛孔,如不适宜需更换。

(3)将待磨试样放入进料斗内。

(4)开启电源开关,待机运转正常后,徐徐拉开料斗抽板,使样品落入粉碎室内。

(5)试样经粉碎后,通过筛网落入盛料盒内,待机出现空转声,样品即磨完。

(6)关闭电源,停机后打开前盖,取出试样盒,将样品倒入磨口瓶,迅速盖上瓶盖,使样品处于密封状态待测。

(7)每磨碎一个样品,必须将机器清扫干净后,方可进行第二份样品的操作。

(8)粉碎工作结束后,按电源开关,切断整机电源。

7. 电热鼓风干燥箱

(1)打开电热鼓风干燥箱电源开关,启动机器,检查机器是否处于正常工作状态。

(2)检查室内湿度是否保持在 70% 以下,如湿度在 70% 以上需及时进行除湿处理。

(3)设定测试所需温度,进行机器预热,到规定温度后,观察仪表显示温度是否与机器所带玻璃水银温度计显示温度相对一致,如有偏差应进行调整。

(4)当红色指示灯亮,箱温呈恒温状态时,打开箱门,放入样品,关闭箱门。

(5)箱内试样体积一般不要超过箱室体积 1/5～1/10;试样的水平横截面积一般不要超过箱室横截面的 1/3～1/5,以利于通风和温度均匀。

(6)试验期间必须经常检查温度有无变化,如有变化应及时进行调控至所需温度(以温度计所示温度为基准）。

（7）试验结束后，及时关闭开关，拔掉插头，切断整机电源，确保烘箱的安全，并将电热鼓风干燥箱清理干净。

8．电子天平

（1）观察天平是否水平，如不在水平位置，应旋动仪器前脚，调节天平水平，直至水平仪管内气泡位于圆圈中央位置。

（2）检查天平室的湿度是否保持在70％以下，如湿度在70％以上需及时进行除湿处理。

（3）打开电源开关通电，进行天平预热，一般在30 min以上。

（4）检查天平是否处于工作状态，数字显示屏是否稳定，读数是否为0，如有偏移现象，应及时进行调整，保持数字显示屏和读数的平稳。

（5）将称量器皿放在托盘上，按下"去皮"键，使读数显示为0。

（6）将称量物放入称量器皿中，当读数稳定时，显示的读数为称量值。

（7）取下称量物和称量器皿，使读数显示为0后，方可进行下一个样品的操作。

（8）称量工作结束，按电源开关，切断整机电源，并拔下天平电源扦头，将天平清理干净。

（9）仪器载量不得超过称量最大负荷，过热过冷的被称物应恢复至室温后方可称量。

9．筛选振动器

（1）将筛选样品倒入选好的筛层，盖好筛盖，置于振动器上方托盘内，卡好固定卡子。

（2）按下振动器电源开关键，接通电源。

（3）若采用定时自动控制，应按下选定的时间键，再按振动器"工作开关"键，振动器开始工作，到规定时间后，振动器停止工作，筛选工作完成。

（4）采用手动控制时，首先将其他时间键复位，然后按"手动"键，以手工控制筛选振动时间，筛选工作完成后，按"手动"键结束工作。本键可使仪器自锁、自启、自停。

（5）筛选工作结束后，按电源开关，切断整机电源，并拔下仪器电源插头，将筛选振动器清理干净。

10．种子净度分析样品吹风仪

（1）安装样品杯、延伸管、分离杯和顶部风力控制器。

（2）连接电源，打开开关。

（3）调节风力：将样品种子放入样品杯并将杯放回吹风位置，打开开关启动吹风机，对样品种子进行吹风，根据样品的成分在管内分离情况，调节顶部风力控制器控制风力大小，以将样品内的各种成分完全分开为准。

（4）将样品杯及各分离杯清理干净，将要吹风的样品种子放入样品杯内放回原位，打开开关启动吹风机，对样品种子吹风1～5 min，将样品内的各种成分分开，将样品杯内的好种子样品和分离杯内的杂质分别倒入干净的样品盘内，分别称重。重复上述步骤，可进行第二次吹风。

（5）样品吹风结束后，关掉电源，将仪器清扫干净。

11．电动数粒仪

（1）接通电源，将仪器开关置于"ON"位，检查机器是否处于正常工作状态。

（2）确认机器处于正常工作状态后，设置所需粒数，用"R"键将计数器归"0"。

（3）将需要进行数粒的种子放入数种盘内，打开仪器振动开关，仪器开始工作。

(4)根据种子重量调节振动强度,根据种子大小调节跑道宽度。达到所需粒数后,仪器自动停止工作。

(5)重复数粒时,用"R"键使计数器归"0",仪器继续工作。

(6)一份样品数粒工作结束后,须清理数种盘内的种子后,方可进行下一个样品的数粒。

(7)数粒工作结束后,按电源开关,切断整机电源,将种子数粒仪清理干净备用。

12.真空吸种置床器

(1)准备好垫有发芽床的培养皿和将要置床的净种子。

(2)根据置床种子粒型、大小等情况,选择适宜的吸种头。

(3)接通电源,打开开关,真空泵开始工作。

(4)打开脚踏开关,接通真空气路,数种吸头孔朝上,将适量的种子散铺在数种头面板上,旋动调节旋钮,使真空吸力达到使用要求,同时调节吸力大小恰好使每孔都能吸住一粒种子为宜。

(5)数种吸头朝下,使多余的种子自然掉下,并检查是否有一孔多粒或空白,若有,则可用手轻拍数种头振去多余种子,没有种子吸住则补上,以保证数粒正确。

(6)数种头倒转移到发芽皿里,踩一下脚踏开关,关闭真空气路,并轻轻敲一下数种头,将种子均匀地放在发芽床上。

(7)数种结束后,关闭电源,拔下电源插头并清扫干净。

13.种子发芽箱

(1)打开种子发芽箱电源开关,启动机器,检查机器是否处于正常工作状态。

(2)对箱体进行消毒灭菌。

(3)设定试验所需的温度,并显示所需温度。

(4)将"设定—测量"开关拨至"测量"位置,数显表显示实际温度。

(5)根据需要将光照控制开关拨至"手动"或"自动"。

(6)用定时器设置自动光照的开关时间。

(7)试验期间须经常检查温度有无变化,如有变化应及时进行调控。

(8)试验结束后,关掉电源开关,拔下电源,将箱内外清理干净并消毒灭菌。

14.种子发芽室

(1)打开种子发芽室电源开关,启动机器,检查机器是否处于正常工作状态。

(2)打开照明开关,使室内进入照明状态。

(3)在超声波加湿器中注入适量的纯净水,同时打开加湿器电源开关,将喷雾量和湿度调节钮旋至所需值。

(4)打开温度设定开关,根据需要设定温度,处于试验需要的温度状态。

(5)打开制热或制冷、通风系统开关,使仪器进入工作状态。

(6)打开光照开关,根据需要依次打开光照相应开关,使仪器进入光照状态。

(7)打开灭菌灯开关,对箱体、实验器材和实验样品进行定时杀菌。

(8)试验期间须经常检查温度有无变化,各系统工作是否正常,如有变化应及时进行调控。

(9)实验结束,依次关闭各功能开关,然后关闭电源开关,将种子幼苗培养室清扫干净备用。

15. 种子样品贮藏柜

(1)打开种子样品贮藏柜电源开关,启动机器,检查机器是否处于正常工作状态。

(2)对柜体进行消毒灭菌。

(3)设定样品保存所需的温度,并在表上进行显示。

(4)设定样品保存所需的湿度,并在表上进行显示。

(5)样品保存期间需要杀菌时,先在定时器上设定时间,然后打开杀菌开关。杀菌自动停止后,将杀菌开关关上。

(6)样品保存期间要经常检查温湿度有无变化,如有变化应及时进行调控,确保样品保存安全。

(7)注意事项:样品袋不要紧靠柜体内壁,四周要留有通风空隙。

(8)样品保存工作结束后,关掉电源开关,拔下电源,将柜体内外清理干净并消毒灭菌。

16. 纯水系统

(1)开通水管,接好水泵电源。

(2)开机,转换 STANDBY 为 OPERATION 状态(出现 RECIRCULATION 时,一直按最左键使之停止)。

(3)检查工作状态(10 min 稳定后,按 MEASURE 键)。

(4)仪器正常工作。

(5)关机,关上电源,再关水。

17. 台式高速离心机

(1)将离心机放在平稳的工作台上。

(2)打开上盖、将离心管均匀地放入离心管架,盖好上盖。

(3)接通电源、打开电源开关。

(4)顺时针旋转定时旋钮,达到所需时间。

(5)顺时针旋转速度旋钮,达到所要求的离心速度。

(6)调整离心所需要的温度。

(7)离心过程中不要随便打开机器上盖或随意停止运行与关机。

(8)离心完毕后,待到离心架转动完全停止时,打开机器上盖,取下离心物。

(9)离心工作结束后,应检查机器是否处于停机状态,并将机器显示数据归零,关好机器上盖,关闭电源。

18. 电泳仪

(1)打开电源开关。

(2)将黑、红两种颜色的电极线对应插入仪器输出插口,并与电泳槽相对应插口连接好。

(3)调整电压与电流值(一般采取稳压方式),将电压调节为“0”,电流调为最大值,然后开机,缓缓调节电压旋钮至所需电压。

(4)电泳结束后,切断电源,拔下接线插头。

19. 垂直板状电泳槽

(1)清洗部件　电泳槽组装前要彻底清洗干净。可用泡沫海绵蘸少许肥皂粉或洗涤精清洗。清洗后放在玻璃板支架上控干水后方能使用。

（2）组装电泳槽

①将 4 只固定螺杆插进 1 只贮液槽框（半个槽）的相应孔洞中，然后将贮液槽框仰放在桌上。

②左手拿凹型槽橡胶模框，右手的拇指与中指握住玻璃板的两侧边缘插到橡胶模框的短槽内，然后以同样方式将玻璃板插到相应的长槽内（注意手指不能接触灌胶面的玻璃板）。

③将带有玻璃的橡胶模框平放在仰放的贮液槽框架上，其下缘必须对齐贮液槽框下缘。

④双手拿另一只贮液槽框与仰放在桌上的贮液槽框相合，并使橡胶框上的凸出线位于贮液槽有机玻璃框的中央。

⑤装上 4 只螺母，拧紧螺丝。注意拧紧螺丝时用力应均匀，最好用双手按斜角位置双双逐渐拧紧。

⑥将电泳槽垂直竖起，放在桌上，带短玻璃板的贮液槽称上槽（阴极端），带长玻璃板的贮液槽称为下槽（阳极端），在长玻璃板与橡胶框间有一缝隙。此缝隙可用已熔化的 10% 琼脂沿长玻璃板下端灌入，以防止产生气泡，可稍抬起一端即可赶去气泡。待琼脂完全凝固后才能灌胶。

（3）灌胶

①先灌分离胶，待凝固后再灌浓缩胶。灌胶前接通冷却水，夹紧连接上、下贮液槽的 2 根橡胶管。

②用细头滴管吸取胶液，沿长、短玻璃板中间缝隙从一端加入胶液。为防止产生气泡，可稍抬起另一端（气泡往高处走）不断加入胶液。若单层胶（分离胶）则加胶量约距离短玻璃板上端 0.3 cm 处，轻轻加少许水，双手轻轻将梳子插入，待胶凝后就可形成凹形加样槽。

③为防止漏胶，在上、下贮液槽中立即加入蒸馏水，但蒸馏水不能超过短玻璃板上缘。

④胶凝固后即可看到样品槽梳子与凝胶板间有一层折射率不同的亮区。

（4）加样

①松开连接上、下贮液槽 2 根橡皮管上的夹子，放掉槽内的蒸馏水，待水流完后，再夹紧夹子。

②双手轻轻取出样品梳子，即可看到界线清楚的加样槽，将槽中水分吸去（注意千万不要碰坏凹槽的平面）。

③在上、下贮液槽中加入缓冲液，液体高度超过上贮液槽短玻璃板上缘。

④用微量注射器吸取一定量的样品加到长、短玻璃板间的凹型凝胶样品槽内（注意加样动作要轻，针头不能碰坏胶面）。

（5）电泳　上贮液槽导线与电泳仪的负极相连，下贮液槽导线与电泳仪的正极相连。检查线路无误，方可按照所要求的电压电流进行电泳。

（6）染色　电泳结束，旋松螺母，取出胶框，剥出玻璃板，在长、短两块玻璃板下角空隙内，用刀片背面轻轻撬动，即可将胶面与一块玻璃板分开，将有胶板的玻璃板平放在桌上，双手轻轻沿凝胶底将胶片托起，放在大培养皿中染色，胶板经漂洗、脱色后即可看到清晰的分离条带。

20. 凝胶成像系统

（1）打开电源，开启机器，进行预热，使系统进入稳定状态。

（2）打开配置电脑，将所需记载的图像内容调节到相应程序。

（3）打开机器放置胶片的专用门，放入已经做好的凝胶胶片于成像系统载物台中间位置，关闭专用门后，将机器摄像镜头对准凝胶胶片，摄入胶片记录的电泳谱带内容，并将其保存入电脑相应硬件或内存中应用。

(4)对记录的凝胶胶片,进行分析,并将图像打印备用。

(5)工作完毕后,先关闭电脑,然后关闭凝胶成像系统电源,切断整机电源后,检查机器处于安全状态后,方可离开。

21. 超净工作台

(1)接上电源,打开电源开关。

(2)打开风机开关吹风,调节风速,一般置于中档位置。

(3)打开紫外灯开关,灭菌 20 min。

(4)无菌操作时关闭紫外灯。

(5)无菌操作完成后清洁台面。

(6)关掉风机开关,切断电源。

22. Mycycler PCR 仪

(1)插上 Mycycler 的电源,仪器会自动开始运行一个快速的自检步骤。当自检步骤结束后,显示屏上显示主屏幕"Home Screen"。在仪器前部面板上的一个发光二极管(LED)灯会发亮,提示仪器处于开机状态。

(2)当仪器打开时,揿下面板上的待机"Standby Mode"键 3 s。如果此时仪器正处于空闲状态,仪器会进入待机"Standby Mode"状态;如果此时仪器正处于运行状态或处于修改程序并且未保存的状态,仪器会提示您进入待机"Standby Mode"状态前确认您的选择。

(3)在主屏幕"Home Screen"状态下,按 F1-Protocol Library 键,可以显示菜单中已存的程序。

(4)使用方向键选择您所需要的程序,按回车"Enter"键。

(5)在选项中选择运行程序"Run Protocol"。在运行设置"Run Setup"屏中确认您的选择。您可以指定温控模式"temperature measurement mode",或者在运行程序前包含或不包含一个热启动"Hot Start"步骤。

二、仪器的日常维护

1. 电子天平维护方法

(1)不得使用尖锐物按键,只能用手指按键。

(2)不要让物体从高处掉落到秤盘上,以免损坏称量机构。

(3)不要长时间将天平暴露在高湿度或有粉尘的条件下。

(4)天平用完后,用罩子罩上,以防粉尘侵入。

(5)保持天平清洁干燥

①正常情况下,每季应清洁 1 次。清洁前应先将电源拔下;不使用有腐蚀的洗涤剂(如溶剂一类物品),可用一块不起毛的软布蘸水后再蘸中性洗涤剂清洁;清洁时不要让水滴入天平内;清洁完用干燥不掉毛软布将天平仔细擦干。

②天平防风罩内的干燥剂每季度干燥 1 次。

③保持天平室的相对湿度不高于 70%。

2. 酸度计维护方法

(1)仪器的输入端(玻璃电极插口)必须保持清洁,不使用时将短路插入,以防止灰尘及高湿进入。在环境湿度较高的场所使用时，应把电极插头用干净纱布擦干。

（2）电极摘下帽后应注意，在塑料保护帽内的敏感玻璃泡不与硬物接触，任何破损和表面磨损都会使电极失效。

（3）测量完毕不用时应将电极保护帽套上，帽内应放少许补充液，以保持电极球泡的湿润。复合电极的外参比补充液为 3 mol/L 氯化钾溶液，可以从上端小孔加入。

（4）电极避免长期浸在蒸馏水中，或蛋白质溶液中和酸性氟化物中，并防止和有机硅油脂接触。

（5）电极长期使用后，如发现梯度略有降低，则可把电极下端浸泡在 4％的 HF 中 3～5 s，用蒸馏水洗净然后在氯化钾溶液中使之复新。

（6）被测溶液中如有易污染敏感球泡物质，则应根据污染物质的性质，用适当溶液清洗，使之复新。

3. 种子样品贮藏箱维护方法

（1）电源插座内的端子必须可靠接地，以免出现人身事故。

（2）搬迁时应尽量使箱体保持直立，倾斜以 60°为限。

（3）设备应放在避免阳光直射，通风良好的地方。

（4）样品袋不要紧靠箱内壁，四周应留有出通风空隙。

（5）每年清理 1 次种子样品，先用湿毛巾进行箱内擦拭、清洁，然后用干毛巾擦干。

4. 纯水设备维护方法

（1）开机时，应先接通水管、水泵电源，然后开机；关机时则顺序相反。

（2）接通水管前，应先放水，直到水管内的水流清澈后，再加水。

（3）仪器应经常用药片清洗。

（4）经常检查仪器工作状态，确保仪器的正常状态。

（5）仪器长期不使用时（1 个月以上），应将离子吸附交换柱取下，放入 4℃左右条件（冰箱下层）下贮存。

5. 种子发芽箱（室）维护方法

（1）开启仪器时，应使空调、光照等功能开关处于关闭状态，打开总开关后，逐步开启。

（2）清洁加湿器交换器。①往交换器表面注清洗剂约 10 mL，浸泡 2～5 min；②用软毛刷清洗，直至去除水垢；③用清水清洗 2 遍。

（3）每周清洗水箱内部及底座水槽。

（4）较长时间不用时，应将水槽及水箱中的残水倒掉，擦干。

（5）发芽结束时，清理、擦拭箱体内部使发芽箱（室）通风，除去内部潮湿水分，使之处于干燥的条件下待用。

6. PCR 仪维护方法

（1）样品池的清洗　先打开盖子，然后用 95％乙醇或 10％清洗液浸泡样品池 5 min，然后清洗被污染的孔；用微量移液器吸取液体，用棉签吸干剩余液体；打开 PCR 仪，设定保持温度为 50℃的 PCR 程序并使之运行，让残余液体挥发去除。一般 5～10 min 即可。

（2）热盖的清洗　对于荧光定量 PCR 仪，当有荧光污染出现，而且这一污染并非来自样品池时；或当有污染或残迹物影响到热盖的松紧时，需要用压缩空气或纯水清洗垫盖底面，确保样品池的孔镜干净，无污物阻挡光路。

（3）仪器外表面的清洗　清洗仪器的外表面可以除去灰尘和油脂，但达不到消毒的效果。选择没有腐蚀性的清洗剂对 PCR 仪的外表面进行清洗。

（4）更换保险丝　先将 PCR 仪关机，拔去插头，打开电源插口旁边的保险盒，换上备用的保险丝，观察是否恢复正常。

三、计量检定

对检验结果的准确性和有效性有影响的仪器设备，在投入使用之前必须按照有关规定进行检定校准，以保证其尽可能溯源到国家计量基准或者比对试验满意的结果。

（一）分类管理

仪器的检定校准，实行分类管理。

（1）列入国家强制检定目录的仪器必须送计量检定机构进行检定，如天平、电导仪、分光光度计、pH 计等。

（2）非国家强制检定仪器，按规定送计量检定机构进行检定，或者按计量检定规程自行定期检定，如发芽箱、电热鼓风干燥箱等。

（3）无计量检定规程、部门或地方检定规程的仪器，参照国家计量检定规程，根据产品说明书及有关技术资料，由单位自行编制检验仪器设备的校验方法和程序，对仪器的主要性能指标，进行自校，如分样器、电动数粒仪等。

（二）检定周期

仪器设备应根据国家有关规定、仪器设备本身特点及使用状况，制订周期检定校准计划。检定周期原则上为 1 年，检定校准周期内根据需要可开展期间核查。检定校准的仪器设备在 2 次检定校准期间，如发生过载、长距离移动等异常情况，应及时检定校准。

（三）检定状态标志

主要仪器设备应有明显的检定或校准状态标识，一般经计量检定、校准，其技术指标满足检验标准要求的仪器设备，粘贴绿色合格标签；存在某些缺陷但所使用功能正常且符合检定要求的仪器设备，粘贴黄色准用标签；检定、校准不合格或超过检定周期的仪器设备，粘贴红色停用标签。标签标注包括仪器编号、检定校准的日期、再检定校准或失效日期、检定校准单位等内容。

第三节　种子质量检测报告填写与结果应用

一、种子检测报告的填写

1. 净度分析

净度分析检测结果内容填写要求为：①净种子、杂质和其他植物种子的重量百分率保留一位小数,三种成分之和为100.0%。②成分小于0.05%的,填报"TR"(微量)。③杂质和其他植物种子栏的检测结果必须填报,如果检测结果为零,填报"—0.0—"或"NIL"。④其他植物种子的学名以及杂质种类必须在报告上填报。⑤如果某一杂质种类、其他植物种类或复粒种子单位(MSU)的含量超过1%或更多,必须在报告上填报。同样,如果应用户要求,超过0.1%的须填报,也应在报告上注明。⑥其他植物种子也可按其他作物种子和杂草种子分列。

其他植物种子数目检测结果内容填写要求为:①除检测种以外,应报告在规定重量中所发现的所有每一种类的数目。②标明检测方法:完全检验、有限检验、简化检验。③结果用每千克的种子数或单位重量的种子数表示。④种名采用学名。

2. 发芽试验

发芽试验检测结果内容填写要求为:①发芽试验以最近似的整数填报,并按正常幼苗、硬实、新鲜不发芽种子、不正常幼苗和死种子分类填报。②正常幼苗、硬实、新鲜不发芽种子、不正常幼苗和死种子以百分率表示,总和为100%。如果某一栏为零,该栏必须填报为"—0—"。③如果发芽试验时间超过规定的时间,在规定栏中填报末次计数的发芽率。超过规定时间以后的正常幼苗数应填报在附加说明中,并采用下列格式:"到规定时间 X 天后,有 Y% 为正常幼苗。"④表格中的附加说明一般包括:发芽床、温度、试验持续时间、发芽试验前处理和方法。发芽试验采用的方法用规程中的缩写符号注明,如采用纸间在20℃下进行试验,就用BP,20℃表示。

3. 水分

水分测定项目应填报至最接近的0.1%。

4. 生活力四唑测定

生活力四唑测定应按下列格式填报:"四唑测定:_____%有生活力种子"(有硬实也需填报)。

5. 重量测定

重量测定应按下列格式填报:"重量(千粒):_____ g"。

6. 种子健康测定

种子健康测定应填报病原菌的学名,以及感染的百分率。同时填报测定方法的信息。如对菜豆样品健康的测定:*Ascoc hyta* Fabae;X%种子感染。

7. 品种纯度鉴定

品种纯度鉴定应填报品种纯度百分率,以及附加信息如检测方法、检测样品数等内容。

8. 包衣种子

包衣种子,需在种名后注明哪一种类的包衣种子,如填"玉米,包膜种子"。净包衣种子、杂质和未包衣种子的百分率必须分别在"净种子"、"杂质"和"其他植物种子"栏中填报。

二、有关检测数据的数字修约

(一)种子检验规程的规定

1. 称重方面

所有样品称重(包括净度分析、水分测定、重量测定等)时,应符合 GB/T 3543.3—1995 表1的要求,即 1 g 以下保留 4 位小数,1~10 g 保留 3 位小数,10~100 g 保留 2 位小数,100~

1 000 g 保留 1 位小数。

2. 计算保留位数

净度分析用试样分析时,所有成分的重量百分率应计算到 1 位小数;用半试样分析,各成分计算保留 2 位小数。

在多容器种子批异质性测定中,净度与发芽的平均值 X 根据 N 而定,如 N 小于 10,则保留 2 位小数,如 N 大于或等于 10,则保留 3 位;指定种子数的平均值根据 N 而定,如 N 小于 10,则保留 1 位小数,如 N 大于或等于 10,则保留 2 位小数。

在水分测定时,每一重复用公式计算时保留 1 位小数。

3. 修约

在净度分析中,最后结果的各成分之和应为 100.0%,小于 0.05% 的微量成分在计算中应除外。如果其和是 99.9% 或 100.1%,从最大值(通常是净种子成分)增减 0.1%。

在发芽试验中,正常幼苗百分率修约至最接近的整数,0.5 则进位。计算其余成分百分率的整数,并获得其总和。如果总和为 100,修约程序到此结束。如果总和不是 100,继续执行下列程序:在不正常幼苗、硬实、新鲜不发芽种子和死种子中,首先找出其百分率中小数部分最大值者,修约此数至最大整数,并作为最终结果;其次计算其余成分百分率的整数,获得其总和,如果总和为 100,修约程序到此结束,如果不是 100,重复此程序;如果小数部分相同,优先次序为不正常幼苗、硬实、新鲜不发芽种子和死种子。

4. 最后保留位数

净度分析保留 1 位小数,发芽试验保留整数,水分测定保留 1 位小数,品种纯度鉴定保留 1 位,生活力测定保留整数,重量测定保留 GB/T 3543.3—1995 表 1 所规定的位数等。

(二)其他方面的规定

(1)几个数字相加的和或相减的差,小数后保留位数与各数中小数位数最少者相同;

(2)几个数字相乘的积或相除的商,小数后保留位数与各数中小数位数最少者相同;

(3)进行开方、平方、立方运算时,计算结果的有效数字位数与原数字相同;

(4)某些常数、倍数或分数的有效数字位数是无限的,根据需要取其有效数字的位数。

三、种子质量检测结果应用

种子检验一方面是种子企业质量管理体系的一个重要支持过程,也是非常有效的质量控制的重要手段;另一方面又是一种非常有效的市场监督和社会服务的手段,既可以为行政执法提供技术支撑,也可以为方便经济贸易、解决经济纠纷等活动提供多方面的服务。种子质量检测结果主要应用在以下几个方面。

(1)商品种子出库把关。种子企业根据检测结果合格与否,决定该批次种子能否出库,可以防止不合格种子流向市场。

(2)种子生产过程监控。种子生产者根据种子质量检测结果,对种子生产过程中原材料(如亲本)的过程控制、购入种子的复检以及种子贮藏、运输过程中的检测等,可以避免不符合要求的种子用于生产,防止不合格种子进入下一生产过程。

(3)种子市场监督。农业行政主管部门通过种子质量检验机构对种子的监督抽查和质量检测,实现种子质量行政监督的目的,监督种子生产、流通领域的种子质量状况,对不合格种子生产者或销售者进行相应的行政处罚,以便达到及时打击假劣种子的生产经营行为,把假劣种子给农业生产带来的损失降到最低程度。

(4)种子纠纷调解依据。种子质量检验机构出具的种子检验报告可以作为种子贸易活动中判定质量优劣的依据,对及时调解种子纠纷有重要作用。种子质量检验机构的检测结果,是人民法院处理种子质量民事纠纷的重要依据。

(5)种子贸易重要凭证。种子检验报告是国内外种子贸易必备的文件,种子贸易方可以种子检验报告中检测结果,决定能否进行交易。

小结

种子检验过程会测定种子的许多质量指标,需要使用不同的检测仪器,了解各种仪器的使用方法和技术,有利于正确的使用仪器和取得可靠的结果。检测结果的修约和结果报告的填写也是种子检验工作中的一个重要环节。

思考题

1. 常用的种子检验仪器有哪些? 简述其使用和保养方法。
2. 种子检验报告应如何填报?
3. 详述种子检测数据的修约。

实验实训

实验一　种子扦样技术

一、目的要求

1. 熟悉各种扦样器和分样器的构造及使用方法。
2. 了解袋装和散装种子批的扦样方法。
3. 了解小容器(小包装)种子批扦样方法。

二、材料用具

1. 材料:水稻、小麦或玉米等袋装或散装种子批或小包装种子批。
2. 用具:单管扦样器、双管扦样器、长柄短筒扦样器、圆锥形扦样器、各式分样器、分样板、样品瓶或样品袋、封条等。

三、方法步骤

1. 划分种子批

一批种子不得超过国家规程(GB/T 3543.2—1995)规定的重量,其容许差距为5%。若超过规定重量时,须分成几批,分别给以批号。

2. 扦取初次样品

(1)袋装种子批扦样法:首先根据欲检种子袋数确定应扦样袋数(表13-1),其次均匀设置扦样点,然后从各扦样点袋中扦取初次样品。

(2)散装种子批扦样法:先按种子堆水平面积分区设点(表13-2),再按种子堆高度分扦样层,然后由上到下扦取初次样品。

(3)小包装种子批扦样法:首先将小包装种子批合并成100 kg为一个扦样的基本单位,然后确定从每个基本单位中取出数量,并取出作为初次样品。

表 13-1　袋装的扦样袋(容器)数

种子批的袋数(容器数)	扦取的最低袋数(容器数)
1~5	每袋都扦取,至少扦取 5 个初次样品
6~14	不少于 5 袋
15~30	每 3 袋至少扦取 1 袋
31~49	不少于 10 袋
50~400	每 5 袋至少扦取 1 袋
401~560	不少于 80 袋
561 以上	每 7 袋至少扦取 1 袋

表 13-2　散装的扦样点数

种子批大小/kg	扦样点数
50 以下	不少于 3 点
51~1 500	不少于 5 点
1 501~3 000	每 300 kg 至少扦取 1 点
3 001~5 000	不少于 10 点
5 001~20 000	每 500 kg 至少扦取 1 点
20 001~28 000	不少于 40 点
28 001~40 000	每 700 kg 至少扦取 1 点

3. 配置混合样品

各袋或各点或各扦样单位扦出的初次样品,经感官粗查,只要质量大体一致就可将它们充分混合而组成混合样品。

4. 分取送验样品

用分样器或分样板从混合样品中分出规定数量(或略多)的送验样品,在全面检验时需 3 份送验样品。其中一份供净度、发芽测定样品用,可用清洁的纸袋或布袋包装;另一份供水分测定样品用,须用密封容器包装;第三份作为备份样品。附上扦样单,应尽快于 24 h 内送往检验室。

实验二　种子净度分析

一、目的要求

1. 掌握识别净种子、其他植物种子和杂质的方法。

2. 掌握其他植物种子数目的测定方法和结果计算。

3. 掌握种子净度分析技术与结果计算方法。

二、材料用具

1. 材料:送验样品 1 份。

2. 用具:分样器、分样板、套筛、感量 0.1 g 的台秤、感量 0.01 g 的天平、感量 0.001 g 的天平或相应的电子天平、小碟或小盘、镊子、刮板、放大镜、木盘、小毛刷、电动筛选机、净度分析工作台等。

三、方法步骤

1. 送验样品的称重和重型混杂物的检查

(1)将送验样品倒在台秤上称重,得出送验样品重量 M。

(2)将送验样品倒在光滑的木盘中,挑出重型混杂物,在天平上称重,得出重型混杂物的重量 m,并将重型混杂物分别称出其他植物种子重量 m_1 和杂质重量 m_2。m_1 与 m_2 重量之和应等于 m。

2. 试验样品的分取

(1)先将送验样品混匀,再用分样器分取试验样品一份,或半试样两份,试样或半试样的重量见国家规程(GB/T 3543.2—1995)。

(2)用天平称出试样或半试样的重量(按规定留取小数位数,见表 13-3)。

表 13-3　称重与小数位数

试样或半试样及其成分重量/g	称重至下列小数位数
1.000 0 以下	4
1.000~9.999	3
10.00~99.99	2
100.0~999.9	1
1 000 或 1 000 以上	0

3. 试样的分析分离

在净度分析桌上对每份[半]试样进行分析鉴定,区分出净种子、其他植物种子、杂质,并分别放入小碟内。

4. 各种分出成分称重

将每份[半]试样的净种子、其他植物种子、杂质分别称重,其称量精确度与试样称重相同。其中,其他植物种子还应分种类计数。

5. 结果计算

(1)核查各成分的重量之和与样品原来的重量之差有否超过 5%。

(2)计算净种子的百分率(P)、其他植物种子的百分率(OS)及杂质的百分率(I)。

先求出第 1 份[半]试样的 $P_①$、$OS_①$、$I_①$:

$$P_① = \frac{净种子重量}{各成分重量之和} \times 100\%$$

$$OS_① = \frac{其他植物种子重量}{各成分之和} \times 100\%$$

$$I_① = \frac{杂质重量}{各成分重量之和} \times 100\%$$

再用同样方法求出第 2 份［半］试样的 $P_②$、$OS_②$、$I_②$。

若为全试样则各种组成的百分率应计算到 1 位小数，若为半试样，则各种成分的百分率计算到 2 位小数。

（3）求出两份［半］试样间三种成分的各平均百分率及重复间相应百分率差值，并核对容许差距：见 GB/T 3543.3—1995 中的表 2。

（4）含重型混杂物样品的最后换算结果的计算。

净种子：
$$P_2 = P_1 \times \frac{M-m}{M} \times 100\%$$

其他植物种子：
$$OS_2 = OS_1 \times \frac{M-m}{M} + \frac{m_1}{M} \times 100\%$$

杂质：
$$I_2 = I_1 \times \frac{M-m}{M} + \frac{m_2}{M} \times 100\%$$

式中：M—送验样品的重量，g；

　　　m—重型混杂物的重量，g；

　　　m_1—重型混杂物中的其他植物种子重量，g；

　　　m_2—重型混杂物中的杂质重量，g；

　　　P_1—除去重型混杂物后的净种子重量百分率，%；

　　　I_1—除去重型混杂物后的杂质重量百分率，%；

　　OS_1—除去重型混杂物后的其他植物种子重量百分率，%。

其中 P_1、OS_1、I_1 分别由分析两份［半］试样所得的净种子、其他植物种子、杂质的各平均百分率，而 P_2、OS_2、I_2 分别为最后的净种子、其他植物种子及杂质的百分率。

（5）百分率的修约：若原百分率取 2 位小数，现可经四舍五入保留 1 位。各成分的百分率相加应为 100.0%，如为 99.9% 或 100.1%，则在最大的百分率上增减 0.1%。如果此修约值大于 0.1%，则应该检查计算上有无差错。

6. 其他植物种子数目的测定

（1）将取出［半］试样后剩余的送验样品按要求取出相应的数量或全部倒在检验桌上或样品盘内，逐粒进行观察，找出所有的其他植物种子或指定种的种子并计出每个种的种子数，再加上［半］试样中相应的种子数。

（2）结果计算：可直接用找出的种子粒数来表示，也可折算为每单位试样重量（通常用每千克）内所含种子数来表示：

其他植物种子含量（粒数/kg）＝（其他植物种子粒数/送验样品的重量（g））×1 000

四、结果报告

净度分析的最后结果精确到一位小数，如果一种成分的百分率低于 0.05%，则填微量；如果一种成分结果为零，则须填报"—0.0—"。

将结果记载于表 13-4 至表 13-6 中。

表 13-4   净度分析结果记载表

重型混杂物检查：M（送验样品）=   g, m（重型混杂物）=   g; m_1 =   g, m_2 =   g

		净种子	其他植物种子	杂质	重量合计	样品原重	重量差值百分率
第一份 [半]试样	重量/g						
	百分率/%						
第二份 [半]试样	重量/g						
	百分率/%						
百分率样间差值							
平 均 百 分 率							

表 13-5   其他植物种子数目测定记载表

其他植物种子测定 试样重量/g	其他植物种子种类和数目							
	名称	粒数	名称	粒数	名称	粒数	名称	粒数
净度[半]试样Ⅰ中								
净度[半]试样Ⅱ中								
剩余部分中								
合 计								
或折成每千克粒数								

表 13-6   净度分析结果报告单

样品编号_____

作物名称：   学名：

成 分	净 种 子	其他植物种子	杂 质
百分率/%			
其他植物种子名称及数 目或每千克含量 （注明学名）			
备 注			

实验三　种子水分测定

一、目的要求

1. 掌握低恒温烘干法、高恒温烘干法及高水分种子预先烘干法测定水分的方法及操作技术。

2. 了解水分速测仪的构造原理和使用方法。

二、材料用具

1. 材料:水稻、小麦、棉花、大豆、蔬菜等种子。

2. 用具:电热式恒温鼓风干燥箱(电烘箱),感量为 1/1 000 g 的天平,样品盒、温度计、干燥器、干燥剂(变色硅胶)、粗天平、粉碎机、广口瓶、坩埚钳、手套、角匙、毛笔等,以及当地常用水分速测仪。

三、方法步骤

1. 低恒温烘干法

(1)把电烘箱的温度调节到 110～115℃进行预热,之后让其保持在(103±2)℃。

(2)把样品盒置于 130℃烘箱中 1 h 左右,放干燥器内冷却后用感量 1/1 000 g 天平称量,记下盒号和重量。

(3)把粉碎机调节到要求的细度,从送验样品中取出 15～25 g 种子进行磨碎(禾谷类种子磨碎物至少 50% 通过 0.5 mm 的铜丝筛,而留在 1.0 mm 铜丝筛上的不超过 10%;豆类种子需要粗磨,至少有 50% 的磨碎成分通过 4.0 mm 筛孔;棉花种子要进行切片处理)。

(4)称取独立试样 2 份(放于预先烘干的样品盒内称重),每份 4.5～5.0 g,并加盖。

(5)打开样品盒盖放于盒底,迅速放入电烘箱内(样品盒距温度计水银球 2～2.5 cm),待 5～10 min 内温度回升至(103±2)℃时,开始计算时间。

(6)(103±2)℃烘干 8 h 后,戴好手套打开箱门,迅速盖上盒盖(最好在箱内盖好),立即置于干燥器内冷却,经 30～45 min 取出称重,并记录。

(7)结果计算

$$水分 = \frac{样品烘前重量 - 样品烘后重量}{样品烘前重量} \times 100\%$$

若一个样品 2 次测定之间的差距不超过 0.2%,则用两次测定的算术平均数来表示。否则,须重做 2 次测定。

2. 高恒温烘干法

(1)把烘箱的温度调节到 140～145℃。

(2)样品盒的准备,样品的磨碎,称取样品等与低恒温烘干法相同。

(3)把盛有样品的称量盒的盖子置于盒底,迅速放入烘箱内,此时箱内温度很快下降,在

5～10 min内回升至130℃时,开始计算时间,保持130～133℃,不超过±2℃,烘干1 h。ISTA规程烘干时间为:玉米4 h,其他禾谷类2 h,其他作物种子1 h。

(4)到达时间后取出,将盒盖盖好,迅速放入干燥器内,经15～20 min冷却,然后称重,记下结果。

(5)结果计算同上。

3.高水分种子预先烘干法

(1)从水稻或小麦高水分种子(水分超过18%)的送验样品中称取(25.00±0.02)g种子,用感量为1/1 000 g的天平称重。

(2)将整粒种子样品置于8～10 cm的样品盒内。

(3)把烘箱温度调节至(103±2)℃,将样品放入箱内预烘0.5 h。

(4)达到规定时间后取出,至室内冷却,然后称重,求出第一次烘失的水分。

(5)将预烘过的种子磨碎,称取试样2份,各4.5～5.0 g。

(6)用130℃高恒温烘干法烘干,冷却、称重,求出第二次烘失的水分。

(7)计算出总的种子水分(%)

$$种子水分(\%)=S_1+S_2-\frac{S_1\times S_2}{100}$$

式中:S_1—第一次烘失的水分,%;

S_2—第二次烘失的水分,%。

4.DSR-6A型电脑水分测定仪

(1)直接测定法

①将仪器放平,接通电源,按下开关,显示屏上出现"—"即通。

②将显示屏上的光标移至待测定的作物名称下,如测定小麦,则将光标移至小麦处。

③将落料筒放在传感器上,然后将被测种子倒入落料筒,拉起落料筒内斗,种子则均匀落入传感器内,待3～5 s后显示水分百分率。

④倒出种子,重复2～3次,计算平均水分(%)。

(2)注意事项

①为了测试准确,在定标和测试时,样品的重量必须绝对相等。

②样品倒入落料筒内,每次提拉落料的速度必须一致,切忌有快有慢。

③接通电源开关时显示出现L,则表示电源(电池)电压偏低,应更换电池。

④用户在使用外接电源时,电池不必取出,仪器长期不使用时,将4节5号电池取出。

⑤在测试过程中若显示"UUU"表示该序号未定过标。

四、结果报告

将测定结果记载于表13-7、表13-8中。

表 13-7　种子水分测定标准法记载表

测定方法	作物	样品	称量盒重/g	试样/g	试样加盒重		烘失水分	
					烘前	烘后	g	%
低恒温烘干法		1						
		2						
		平均						
高恒温烘干法		1						
		2						
		平均						
高水分种子预先烘干法			整粒样品重量/g	整粒样品烘后重量/g	磨碎试样重量/g	磨碎试样烘后重量/g	水分/%	
		1						
		2						
		平均						

表 13-8　种子水分电子仪器速测法记载表

测定方法	作物编号	1	2	3	平均
DSR-6A					

实验四　种子千粒重测定

一、目的要求

1. 掌握国家标准中规定的 3 种千粒重测定方法。
2. 熟悉自动数粒仪的构造原理及使用方法。

二、材料用具

1. 材料：水稻、小麦、玉米或油菜等种子。
2. 用具：电子自动数粒仪，感量为 0.1 g、0.01 g、0.001 g 的电子天平，小刮板，镊子等。

三、方法步骤

1. 试验样品的分取

将净度分析后的全部净种子均匀混合，分出一部分作为试验样品。

2. 测定方法

我国 1995 国家规程,种子千粒重测定有百粒法、千粒法和全量法 3 种方法。可任选其中 1 种方法进行测定。

(1)百粒法:用手或数种仪从试验样品中随机数取 8 个重复,每个重复 100 粒,分别称重 (g),小数位数与 GB/T 3543.3 的规定相同。

计算 8 个重复的平均重量、标准差异及变异系数:

$$标准差(S) = \sqrt{\frac{n(\sum X^2) - (\sum X)^2}{n(n-1)}}$$

式中:X—各重复重量,g;

　　n—重复次数。

$$变异系数 = \frac{S}{\overline{X}} \times 100$$

式中:S—标准差;

　　$\overline{X}$—100 粒种子的平均重量,g。

如带有稃壳的禾本科种子[见 GB/T 3543.3 附录 B(补充件)]变异系数不超过 6.0,其他种类种子的变异系数不超过 4.0,则可计算测定的结果。如变异系数超过上述限度,则应再测定 8 个重复,并计算 16 个重复的标准差。凡与平均数之差超过 2 倍标准差的重复略去不计。

(2)千粒法:用手或数种仪从试验样品中随机数取 2 个重复,每重复大粒种子数 500 粒,中、小粒种子数 1 000 粒,各重复称重(g),小数位数与 GB/T 3543.3 的规定相同。

2 份重复的差数与平均数之比不应超过 5%,若超过应再分析第 3 份重复,直至达到要求,取差距小的 2 份计算测定结果。

(3)全量法:将整个试验样品通过数种仪,记下计数器上所示的种子数。计数后把试验样品称重(g),小数位数与 GB/T 3543.3 的规定相同。

3. 结果表示与报告

如果是用全量法测定的,则将整个试验样品重量换算成 1 000 粒种子的重量。

如果是用百粒法测定的,则从 8 个或 8 个以上的每个重复 100 粒的平均重量($\overline{X}$),再换算成 1 000 粒种子的平均重量(即 $10 \times \overline{X}$)。

根据实测千粒重和实测水分,按 GB 4404~4409 和 GB 8079~8080 种子质量标准规定的种子水分,折算成规定水分的千粒重。计算方法如下:

$$千粒重(规定水分,g) = \frac{实测千粒重(g) \times [1 - 实测水分(\%)]}{1 - 规定水分(\%)}$$

其结果按测定时所用的小数位数表示。

在种子检验结果报告单"其他测定项目"栏中,填报结果。

四、结果报告

记录 3 种方法测定种子千粒重的原始数据,填报种子重量测定结果(表 13-9)。并换算成国家标准规定水分的种子千粒重。

表 13-9　种子重量测定结果记载表

作物名称	方法	重复	重量	千粒重/g
	百粒法	1		
		2		
		3		
		4		
		5		
		6		
		7		
		8		
		平均		
	千粒法	1		
		2		
		平均		
	全量法			

实验五　种子生活力的四唑染色测定

一、目的要求

1. 了解四唑染色测定种子所用试剂和测定原理。
2. 掌握主要种子种类的四唑(TTC)染色方法和判别种子有无生活力的鉴定标准。

二、材料、用具和试剂

1. 材料:水稻、小麦、玉米、大豆、棉花、甘蓝等种子。
2. 用具:冰箱、培养箱、出糙机、定量加样瓶、镊子、解剖针、刀片、吸水纸、不锈钢网兜等。
3. 试剂:2,3,5-氯化三苯基四氮唑、磷酸缓冲液、乳酸苯酚透明剂、过氧化氢、硫酸钾铝等。
4. 溶液:用2,3,5-氯化三苯基四氮唑配制成1%和0.1%的溶液放于棕色瓶内,为了使溶液保持中性,须用缓冲溶液配制:

溶液(1)——于 1 000 mL 水中溶解 9.078 g KH_2PO_4;

溶液(2)——于 1 000 mL 水中溶解 23.876 g $Na_2HPO_4 \cdot 12H_2O$。

取溶液(1)2 份,溶液(2)3 份混合即成缓冲溶液,取 10 g 四唑盐类用配成的缓冲液定容至 1 000 mL,即配成1%四唑溶液,或取四唑盐类1 g 用配成的缓冲液定容至 1 000 mL,即配成

0.1％四唑溶液。

三、方法步骤

1. 水稻种子四唑染色测定

取种子样品 200 粒,去壳,放纸间或水中 30℃预湿 12 h,沿种子胚纵切,放入 0.1％四唑磷酸缓冲液 35℃染色 1～2 h,凡是胚的主要构造染成正常鲜红色,或胚根尖端 2/3 不染色而其他部分正常染色的种子为有生活力种子。

2. 小麦、玉米种子四唑染色测定

取种子样品 200 粒,放入水中 30℃ 3～4 h,或纸间 12 h,沿胚纵切,浸入 0.1％四唑溶液中,35℃ 0.5～1 h。凡是胚的主要构造染成正常鲜红色,或盾片上、下任一端 1/3 不染(小麦胚根大部不染色,但不定根原基染色)的,为有生活力种子;如盾片中央有不染色,表明已受热损伤,作为无生活力种子。

3. 大豆种子四唑染色测定

取大豆种子样品 200 粒种子,放在湿毛巾间预湿 12 h,一般需剥去种皮,然后浸入 1％四唑溶液,35℃ 2～3 h。凡是整种子染色正常明亮鲜红,或仅胚根尖端 1/2 不染色,或子叶顶端(离胚芽端)1/2 不染色的为有生活力种子。

4. 棉花种子四唑染色测定

取种子样品 200 粒,放纸间预湿,30℃ 12 h,纵切一半种子,或剥去种皮,浸入 0.5％四唑溶液,染色反应 2～3 h,凡是整个种子染成明亮红色,或仅胚根尖端 1/3 不染色,或子叶表面有小范围坏死,或子叶顶端 1/3 不染色,为有生活力种子。

5. 甘蓝种子四唑染色测定

取样 200 粒种子,放入纸间 30℃ 5～6 h,剥去种皮,浸入 1％四唑溶液 35℃ 2～4 h。凡是整个胚染成鲜红色,或仅有胚根尖端 1/3 不染色,或子叶顶端有部分坏死的,为有生活力种子。

四、结果报告

计算种子的生活力(百分率)。重复间最大容许差距参见表 13-10。平均百分率计算到最近似的整数。

表 13-10 生活力测定重复间的最大容许差距

平均生活力百分率/％		重复间容许的最大差距		
1	2	4 次重复	3 次重复	2 次重复
99	2	5	…	…
98	3	6	5	…
97	4	7	6	6
96	5	8	7	6
95	6	8	8	7
93～94	7～8	10	9	8

续表 13-10

平均生活力百分率/%		重复间容许的最大差距		
1	2	4 次重复	3 次重复	2 次重复
91~92	9~10	11	10	9
90	11	12	11	9
89	12	12	11	10
88	13	13	12	10
87	14	13	12	11
84~86	15~17	14	13	11
81~83	18~20	15	14	12
78~80	21~23	16	15	13
76~77	24~25	17	16	13
73~75	26~28	17	16	14
71~72	29~30	18	16	14
69~70	31~32	18	17	14
67~68	33~34	18	17	15
64~66	35~37	19	17	15
56~63	38~45	19	18	15
55	46	20	18	15
51~54	47~50	20	18	16

实验六　种子发芽试验

一、目的要求

1. 掌握主要农作物种子的标准发芽技术规定、发芽方法、幼苗鉴定标准和结果计算方法。
2. 掌握主要豆类种子的发芽技术规定、发芽方法、幼苗鉴定标准和结果计算方法。

二、材料用具

1. 种子:水稻和玉米等单子叶植物种子,大豆和西瓜等双子叶植物种子。
2. 用具:方形透明塑料发芽盒、长方形透明塑料发芽盒,9 cm 玻璃培养皿、发芽纸、消毒砂、标签纸、铅笔、镊子等。

三、方法步骤

1. 水稻种子发芽

水稻种子发芽技术规定(TP. BP. S,20～30℃,30℃,第 5 天/第 14 天计数,新收获的休眠种子需预先加热 50℃3～5 d,或 0.1 mol/L HNO$_3$ 浸种 24 h)。本试验用方形透明塑料发芽盒,垫入两层预先浸湿的发芽纸,用方形数种头数种,每盒播入 100 粒种子,4 次重复,放入规定温度和光照下培养。第 5 天计数正常发芽数,第 14 天计数正常发芽种子数、不正常发芽种子数和死种子数。

2. 玉米种子发芽

玉米种子发芽技术规定(BP. S,20～30℃,25℃,第 4 天/第 7 天计数)。采用沙床,将消毒砂调节到适宜的湿度,装入长方形塑料发芽盒内,厚度 2～3 cm,然后用活动数种板插入 50 粒种子,再盖上 1.5～2 cm 湿沙,盖好盖子,放入规定温度和光下培养。第 4 天计数正常幼苗,第 7 天计数正常幼苗、不正常幼苗和死种子数。

注:水稻和玉米属于子叶留土型发芽的单子叶植物。幼苗鉴定标准属于同一组(ISTA,幼苗鉴定手册 A1.2.3.2 组)。

3. 大豆种子发芽

大豆种子发芽技术规定(BP. S,20～30,25℃,第 5 天/第 8 天计数)。

采用长方形透明塑料发芽盒,沙床发芽,将沙高温消毒(130℃2 h),筛取 0.05～0.8 mm 大小沙,调到适宜水分(饱和含水量 80%),装入塑料盒内,厚度 2～3 cm,用活动数种板播上 50 粒种子,覆盖上 1.5～2.0 cm 湿沙,放入 25℃光下发芽。第 5 天计数正常发芽种子数,拿掉,记录;第 8 天计数正常、不正常和死种子数。

注:大豆幼苗属于子叶出土型发芽的双子叶植物。其幼苗鉴定标准(ISTA 幼苗鉴定手册分为 A2.1.2.2 组)与花生属、菜豆属相同。

4. 西瓜种子发芽

西瓜种子发芽技术规定(BP. S,20～30℃,25℃,第 5 天/第 14 天计数,要求低湿)。

采用纸卷发芽,先将发芽纸浸湿,去除多余水分,取两层平铺在工作台上,数取 50 粒种子置床,盖上一层湿发芽纸,底边折 2 cm,卷成纸卷,垂直竖在透明塑料盒中,套上透明塑料袋,放在 25℃下发芽,第 5 天打开纸卷计数正常发芽种子数,未发芽种子卷回继续发芽,第 14 天打开纸卷,计数正常、不正常和死种子数。

注:西瓜幼苗属于子叶出土型发芽的双子叶植物。其幼苗鉴定标准(ISTA 幼苗鉴定手册分为 A2.1.1.2 组)包括在瓜类和棉属之中。

四、结果计算和报告

1. 结果计算

试验结果以粒数的百分率表示。当一个试验的 4 次重复(每个重复以 100 粒计,相邻的副重复合并成 100 粒的重复)正常幼苗百分率都在最大容许差距内(表 13-11),则以平均数表示发芽百分率。不正常幼苗、硬实、新鲜不发芽种子和死种子的百分率按 4 次重复平均数计算。正常幼苗、不正常幼苗和未发芽种子百分率的总和必须为 100,平均数百分率修约到最近似的整数,修约 0.5 进入最大值中。

表 13-11　同一发芽试验 4 次重复间的最大容许差距

（2.5％显著水平的两尾测验）

平均发芽率/%		最大容许差距	平均发芽率/%		最大容许差距
50%以上	50%以下		50%以上	50%以下	
99	2	5	87～88	13～14	13
98	3	6	84～86	15～17	14
97	4	7	81～83	18～20	15
96	5	8	78～80	21～23	16
95	6	9	73～77	24～28	17
93～94	7～8	10	67～72	29～34	18
91～92	9～10	11	56～66	35～45	19
89～90	11～12	12	51～55	46～50	20

当 100 粒种子重复间的差距超过表 13-11 最大容许差距时,应采用同样的方法进行重新试验。如果第 2 次结果与第 1 次结果一致,即其差异不超过表 13-2 中所示的容许差距,则将 2 次试验的平均数填报在结果单上。如果第 2 次结果与第 1 次结果不相符合,其差异超过表13-12所示的容许差距,则采用同样的方法进行第 3 次试验,填报符合要求结果平均数。

表 13-12　同一或不同实验室来自相同或不同送验样品间发芽试验的容许差距

（2.5％显著水平的两尾测验）

平均发芽率/%		最大容许差距	平均发芽率/%		最大容许差距
50%以上	50%以下		50%以上	50%以下	
98～99	2～3	2	77～84	17～24	6
95～97	4～6	3	60～76	25～41	7
91～94	7～10	4	51～59	42～50	8
85～90	11～16	5			

2. 结果报告

填报发芽结果表 13-13 时,须填报正常幼苗、不正常幼苗、硬实、新鲜不发芽种子和死种子的百分率。假如其中任何一项结果为零,则将符号"—0—"填入该格中。

同时还须填报采用的发芽床和温度、试验持续时间以及为促进发芽所采用的处理方法。

表 13-13　种子发芽试验记载表

试验编号							置床日期								年　　月　　日				
作物名称					品种名称						每重复置床种子数								
记载日期	记载天数	重　　复																	
		Ⅰ					Ⅱ					Ⅲ					Ⅳ			
		正	硬	新	不	死	正	硬	新	不	死	正	硬	新	不	死	正	硬	新	不	死
合　计																				

正	正常幼苗	％
硬	硬实种子	％
新	新鲜未发芽	％
不	不正常幼苗	％
死	死种子	％
	合　计	

附加说明：

试验人：

实验七　种子纯度鉴定

一、目的要求

1. 掌握电泳法鉴定品种纯度的原理与方法。

2. 了解电泳仪的构造和使用方法。

二、材料用具

1. 材料：小麦、大麦种子。

2. 用具：电泳仪、电泳槽、离心机、离心管、1/1 000 的电子天平或分析天平、样品钳、广口瓶、移液管及移液管架、移液球或吸耳球、滴瓶、微量进样器（1～50 μL）、注射器等电泳用品。

3. 试剂：所有使用的化学试剂都需是分析级或更好的等级，有丙烯酰胺（Acr：acrylamide）、甲叉双丙烯酰胺（Bis：bisacrylamide）、尿素（urea）、冰醋酸（glacial aceticacid）、甘氨酸（glycine）、硫酸亚铁（ferrous sulphate）、抗坏血酸（ascorbic acid）、过氧化氢（hydrogen

peroxide)、2-巯基乙醇（2-mercaptoet hanol）、甲基绿（methyl green）、三氯醋酸（trichloro acetic acid）、乙醇（ethanol）、2-氯乙醇（2-chloroet hanol）、考马斯亮蓝 R250 或 G250（Coomassic brilliant blue R250）等。

三、方法步骤

ISTA 小麦和大麦种子醇溶蛋白聚丙烯酰胺凝胶电泳鉴定品种的标准程序：

1. 溶液的配制

（1）提取液的配制

小麦提取液（100 mL）：称取甲基绿粉剂 0.05 g，加入 25 mL 2-氯乙醇，再加入无离子水，定容至 100 mL。低温保存。

大麦提取液（100 mL）：称取甲基绿粉剂 0.05 g，加入 20 mL 2-氯乙醇和 18 g 尿素，再加入 1 mL 2-巯基乙醇，然后加入无离子水，定容至 100 mL。低温保存。

（2）电极缓冲原液配制（500 mL）：吸取 20 mL 冰醋酸，加入 2 g 甘氨酸，再加入无离子水，定容至 500 mL，低温保存，使用时再稀释 10 倍。

（3）凝胶缓冲液配制（250 mL）：吸取冰醋酸 5 mL，加入 0.25 g 甘氨酸，再加入无离子水定容至 250 mL，低温保存。

（4）0.6％过氧化氢液配制（30 mL）：吸取 30％过氧化氢原液 0.6 mL，加无离子水，定容至 30 mL，装入 100 mL 滴瓶，低温保存。

（5）染色液配制

10％三氯醋酸液（500 mL）：称取 50 g 三氯醋酸，加入无离子水，定容 500 mL。

1％考马斯亮蓝液（50 mL）：称取 0.5 g 考马斯亮蓝，溶于 50 mL 无水酒精。

（6）凝胶溶液配制（200 mL）：称取丙烯酰胺 20 g，甲叉双丙烯酰胺 0.8 g，尿素 12 g，抗坏血酸 0.2 g，硫酸亚铁 0.01 g，再加入 120 mL 凝胶缓冲液溶解，并用该液定容至 200 mL，低温保存备用。

注：配制试剂需用去离子水或重蒸水。

2. 样品醇溶蛋白提取

取若干个清洁干燥的 1 mL 聚丙烯离心管，分别插入合适的试管架圆孔内，取小麦或大麦种子样品逐粒用样品钳夹碎，在夹种子时，最好垫上小片清洁的纸，以免清理钳头和防止样品之间污染，每粒夹碎的种子粉块放入一个离心管。其真实性鉴定时，每个样品重复 35 次；品种纯度测定时，每个样品测定 50～100 粒种子，然后加入样品提取液，小麦每管加入 0.2 mL，大麦每管加入 0.3 mL，盖好后室温下浸提一夜，加样前用 5 500 r/min，离心 15 min。

3. 凝胶玻璃封缝

从冰箱内取出凝胶溶液和过氧化氢液，每块胶板吸取这种凝胶溶液 3 mL，放入小烧杯后立刻加入 0.6％过氧化氢液小半滴，摇匀后迅速倒入封口处，稍加晃动，使整条缝口充满胶液，让其在 5～10 min 聚合。但必须注意，灌胶动作应快速，否则会由于太慢，在倒入缝口处前就开始聚合。

4. 灌制分离胶和插入样品梳

从冰箱内取出凝胶溶液和过氧化氢液，每块胶板吸取凝胶液 17～18 mL，放入烧杯后立即加入 1 滴 0.6％过氧化氢液，迅速摇匀，倒入凝胶玻板之间，马上插好样品梳，并用铁夹子夹正,直放,让其在 5~10 min 内完全聚合。

5. 加样

在加样前,小心平衡地拨出样品梳,用滤纸吸去多余水分,然后用微量进样器吸取醇溶蛋白提取液。一般每个样品加样 10~20 μL。若加样量太多,会使蛋白质谱带模糊而难以分辨。

6. 电泳

在电泳前,先将电极缓冲液稀释 10 倍。一般每个电泳槽取 80 mL 电极缓冲原液,加无离子水稀释到 800 mL,分别注入前槽和后槽。要确保前、后槽电极能连通。

接好电极引线,前槽接正极,后槽接负极,然后打开电源,逐渐将电压调到 500 V。电泳时,要求在 15~20℃温度下进行。如气温高于这一温度范围时,可放在冰箱内、空调室或接通自来水冷却。电泳时间一般为 60~80 min。具体时间可按甲基绿迁移时间来推算。如甲基绿前沿提示剂在 25~30 min 迁移至胶板底部(10 cm 左右),那么醇蛋白电泳时间为甲基绿迁移时间的 2~2.5 倍,即 60~80 min。

7. 固定和染色

在固定和染色前,按每块胶板吸取 3.5 mL 1.0％考马斯亮蓝液,再加上 100 mL 10％三氯醋酸液,配成染色液。小心地剥下胶板,切去样品槽部分的胶板,并切去胶板一小角以作左右标记,然后用无离子水漂洗后,浸入染色液染色 1~2 d。

8. 保存

倒去染色液,用清水漂洗,并用湿软毛笔刷去胶板表面的沉淀物,然后用 7％醋酸液保存。也可制成干胶板或装在聚乙烯薄膜袋里在 4℃冰箱内保存数个月不变质。

四、结果报告

1. 真实性鉴定

按电泳胶板蛋白质显色的蓝色谱带绘下电泳图谱,并计算出 Rf 值,与其品种的标准图谱比较,以鉴别品种的真伪。

2. 品种纯度测定

按品种标准图谱鉴别出图谱不同的异品种种子粒数,计算出品种纯度百分率。

实验八　种子活力测定

一、目的要求

1. 了解种子活力测定原理和生产意义。
2. 掌握重要种子活力测定方法和评定标准。

二、材料用具

1. 材料:准备不同活力的大麦、小麦、玉米和大豆等种子样品。
2. 用具:培养箱、老化箱、老化盒、天平、玻璃培养皿、发芽纸或滤纸、烧杯、镊子、尺子等。

三、方法步骤

1. 发芽速率测定

这是一种最古老和最为简单的方法,适用于各种作物的活力测定。其方法是采用标准发芽试验,每日记载正常发芽种子数。然后按公式计算各种与发芽速度有关的指标。

(1)初期发芽率测定:许多作物种子如小麦、大豆、玉米等采用计算 3 d 发芽率,也可采用计算发芽势或初次计算发芽率。

(2)发芽日数测定:发芽达 90% 所需日数或达 50% 所需日数测定。后者可适用于发芽率较低的种子样品。

(3)发芽指数测定

$$发芽指数(GI) = \sum \frac{Gt}{Dt}$$

式中:Gt—不同天数的发芽数;

　Dt—发芽日数;

　$\sum$—总和。

(4)活力指数测定

$$活力指数(VI) = GI \times S$$

式中:S——定时期内幼苗长度(cm)或幼苗重量(g);

　GI—发芽指数。

2. 加速老化测定

清洗老化容器,底部加适量的水,装好网架,数取种子 100 或 50 粒,4 次重复,分别放在老化容器的网架上,盖上盖子,移入恒温培养箱,用 40～45℃ 和 100% 相对湿度,处理 1～10 d。处理温度和时间因种子种类而不同(表 13-14),最适的老化时间可根据经验加以调整。经老化处理后,凡是正常幼苗百分率高的,为活力强的种子批;反之,则为中低活力种子批。

表 13-14　不同作物种子加速老化试验的温度和时间

作　物	温度/℃	时间/h
推荐:大豆	41	72
建议:苜蓿、菜豆、油菜、甜玉米、莴苣、洋葱	41	72
胡椒、红三叶、高羊茅、番茄、小麦		
黑麦草	41	48
法国菜豆	45	48
玉米	45	72
高粱、烟草	43	72

四、结果报告

计算各种活力测定结果,评定不同种子批的活力差异。

参考文献

1. 丁泳,马德清,貟玲,等．种子品种纯度的籽粒形态测定法．新疆农业科技,2007,2：14.

2. 郝楠,王建华,李宏飞,等．种子活力的发展及评价方法．种子,2015,34(5)：44-45.

3. 胡晋．种子学．2 版．北京:中国农业出版社,2014.

4. 胡晋．种子检验学．北京:科学出版社,2015.

5. 荆宇,钱庆华．种子检验．北京:化学工业出版社,2011.

6. 李新海,袁力行,李明顺．玉米品种纯度检验的方法与技术．作物科学研究理论与实践——2000 作物科学学术研讨会文集,2001,56-63.

7. 刘思衡,曾汉章．种子检验．福州:福建科学技术出版社,2001.

8. 马文广,利站,等．过氧化氢增氧引发对烟草种子活力的影响．中国烟草科学,2015,36(5)：8-12.

9. 农业部全国农作物种子质量监督检验测试中心．农作物种子检验员考核读本．北京:中国工商出版社,2006.

10. 屈长荣．种子检验技术．天津:天津大学出版社,2013.

11. 王玺,曹萍．电泳法与幼苗法鉴定玉米杂交种纯度一致性与相关性分析．沈阳农业大学学报,2002,33(2)：94-96.

12. 王新燕．种子质量检测技术．北京:中国农业大学出版社,2011.

13. 颜启传,黄亚军．种子四唑测定手册．上海:上海科技出版社,1992.

14. 颜启传,苏菊平,张春荣．国际农作物品种鉴定技术．北京:中国农业科学技术出版社,2004.

15. 颜启传．种子检验原理和技术．杭州:浙江大学出版社,2001.

16. 张春庆,王建华．种子检验学．北京:高等教育出版社,2006.

17. 张红生,胡晋．种子学．北京:科学出版社,2010.

18. 郑成超,温孚江．DNA 分子标记技术与作物品种纯度鉴定．山东农业大学学报,1997,28(4)：499-505.

19. 中华人民共和国国家标准．聚丙烯酰胺电泳法测定大麦、小麦种子纯度．GB/T 3543.5—1995.

20. 中华人民共和国国家标准．农作物种子检验规程．GB/T 3543. 1～7—1995.

21. 中华人民共和国农业行业标准．大豆品种纯度鉴定技术规程 SSR 分子标记法．NY/T 1788—2009.

22. 颜启传，胡伟民，宋文坚．种子活力测定的原理和方法．北京：中国农业出版社，2006.